# 围棋人机大战

杜维新　张志强　编著

成都时代出版社

**图书在版编目(CIP)数据**

围棋人机大战/杜维新,张志强编著. —成都:成都时代出版社,2016.6

ISBN 978 - 7 - 5464 - 1632 - 8

Ⅰ.①围… Ⅱ.①杜… ②张 Ⅲ.①人工智能 - 研究 ②围棋 - 研究 Ⅳ.①TP18②G891.3

中国版本图书馆 CIP 数据核字(2016)第 084075 号

**围棋人机大战**

WEIQI RENJI DAZHAN

杜维新　张志强　编著

| | |
|---|---|
| 出 品 人 | 石碧川 |
| 策划编辑 | 曾绍东 |
| 责任编辑 | 李　林 |
| 责任校对 | 许　延 |
| 装帧设计 | 古亚东书刊设计工作室 |
| 责任印制 | 干燕飞 |
| 出版发行 | 成都时代出版社 |
| 电　　话 | (028)86618667(编辑部) |
| | (028)86615250(发行部) |
| 网　　址 | www.chengdusd.com |
| 印　　刷 | 成都勤德印务有限公司 |
| 规　　格 | 165 mm×230 mm |
| 印　　张 | 18 |
| 字　　数 | 300 千字 |
| 版　　次 | 2016 年 6 月第 1 版 |
| 印　　次 | 2016 年 6 月第 1 次印刷 |
| 印　　数 | 3000 册 |
| 书　　号 | ISBN 978 - 7 - 5464 - 1632 - 8 |
| 定　　价 | 36.00 元 |

**国务院总理李克强：**"围棋人机大战"我不想评论这个输赢，因为不管输赢如何，这个机器总还是人造的。

**韩国总统朴槿惠：**这次"围棋人机大战"，说明人工智能化的第四次工业革命是不可避免的趋势。

**中国围棋协会主席王汝南八段：**"人机大战"的结果让围棋界震惊，阿尔法围棋有很多地方值得引起我们职业围棋人学习或思考的地方，所以我认为阿尔法围棋肯定是值得我们去学习的。

**棋圣聂卫平：**阿尔法围棋颠覆了我对围棋的认知，向谷歌阿尔法围棋脱帽致敬！

**中国围棋队总教练俞斌九段、领队华学明七段：**尽管阿尔法围棋目前还有一些破绽，但完全可以帮助职业棋手进行训练，使职业棋手的水平得到进一步提高。

**北京邮电大学教授、计算机专家刘知青：**机器战胜人类并不意外。"人机大战"引起的巨大反响，推动了围棋的发展。当然机器也有弱点，人工智能开发任重道远。

**马晓春九段：**阿尔法围棋并不是没有弱点和破绽，人类棋手并非没有机会取胜。但不管怎样，阿尔法围棋的出现，对围棋事业的发展是非常有利的。

**常昊九段：**"人机大战"的影响深远，对围棋在世界的普及和发展有着巨大的推动力。

**古力九段：**阿尔法围棋的下法已经颠覆了职业棋手的思维。

**柯洁九段：**因为阿尔法围棋在不断地学习，距离全人类棋手输给它的日子已经不远了。

**谷歌母公司 Alphabet 执行董事长施密特：**"人机大战"之所以说是人类获胜，是因为人工智能和机器学习的进步将会使得整个世界上的每一个人变得更加聪明，更有能力，成为更优秀的人类。

**阿里巴巴集团董事局主席马云：**我认为未来机器一定比人类更强大，但不会比人类更明智。

**脸谱公司创始人兼 CEO 马克·扎克伯格**：这是在人工智能研究领域上历史性的里程碑。

**创新工场董事长兼 CEO 李开复**："人机大战"的结果超出了我的预期，但并不感到意外，并不担心人工智能以后对人类会产生威胁。

**Deepmind 首席执行官哈萨比斯**：我们登上了月球，为我们的团队感到自豪！

**搜狗 CEO 王小川**："人机大战"非常轰动，会让所有人得到洗礼。

**腾讯 CEO 马化腾**：人工智能在围棋领域的突破，给腾讯很大的震撼。

**百度 CEO 李彦宏**：这是对人工智能技术很好的科普，让越来越多的人关注这个技术。

**中南大学数学与统计学教授、中南大学信息中心主任武坤**：围棋人工智能经历了三代算法，相比其他围棋人工智能阿尔法围棋的程序算法非常先进，阿尔法围棋的算法远远超越了之前的算法，其利用人工智能自我学习的能力获得了飞跃。

**脸谱人工智能围棋项目负责人田渊栋**：阿尔法围棋的结构在论文中都公布了，大方向、路线已确定，所以只要投入有保障，理论上都能达到阿尔法围棋的水平。比赛期间有张图让人印象深刻，一边是需要千台机器的阿尔法围棋，另一边是李世石和一杯咖啡。大自然的鬼斧神工，一直让人肃然起敬，而最杰出的造物莫过于我们人类自己。

**围棋规则专家陈祖源**："围棋人机大战"在没有中国介入的情况下采用中国规则是一件具有重要象征意义的大事。

**江铸久九段**：职业棋手的长远发展是建立在广泛的群众普及基础上的，阿尔法围棋的出现对于普及围棋来说是一个极好的机遇，有助于人类学习围棋和训练围棋，可以让更多的人参与到围棋运动中来。

**余平六段**：围棋界在人工智能的冲击之下，将会迎来巨大的变化，职业高手的生存环境将受到巨大的冲击，传统围棋理论将会被彻底革新，围棋的文化光环也将变得暗淡。

# 发明人复盘人机大战

## （代前言）

"人机大战"大战硝烟散尽，由此引发的机器学习与人工智能的热潮不减反增。日前，阿尔法围棋（AlphaGo）项目负责人，有着阿尔法围棋之父之称的大卫·席尔瓦（David Silver）回到英国伦敦，在母校伦敦大学学院（UniversityCollege London，UCL）一场私密会上复盘了人工智能围棋系统AlphaGo与李世石的五番棋大战，这也是赛后，阿尔法围棋团队的首次半公开复盘。

UCL计算机系是全英计算机排名第一的学院。在UCL计算机系攻读博士学位的中国留学生张伟楠全程参与了这次分享会，并且在会后与席尔瓦进行了面对面的交流，写下了此文。席尔瓦透露了AlphaGo的下一步可能动向以及应用前景。席尔瓦透露，AlphaGo的最新版本自我估分在4500左右，远远超出目前积分3625的中国九段棋手柯洁，实力水平大约在13段，人类选手中已然无敌。

在举世注目的"人机大战"中，AlphaGo出人意料地获得了压倒性的胜利，4比1战胜了李世石。棋局进程激烈精彩，不亚于人类棋手创造的历史名局。

3月24日，回到UCL大学，席尔瓦在复盘中详细讲述了AlphaGo背后的技术原理以及AlphaGo与李世石九段五场比赛的分析。

获得历史性的胜利之后，外界十分关心AlphaGo的下一步和未来，席尔瓦透露，在《Nature》那篇文章引发广泛关注和轰动之后，AlphaGo团队还将再写一篇论文，与外界分享AlphaGo与李世石比赛中的技术进步。

席尔瓦还表示，DeepMind一直希望能够为开发社区作贡献，他们之前也公布了DQN项目（deep-q-network）的代码——基于深度强化学习的游戏平台。未来他们可能会公布AlphaGo的代码，只要能找到一个合适的方案，但是目前还没有找到。

投入20个人的团队，花费大量的财力去做围棋对弈，对谷歌来说意味着

什么？下一步会如何延伸到其他产业领域？

席尔瓦透露，DeepMind今后的着眼点是和人们日常生活息息相关，并可以改变世界的应用，比如精准医疗、家用机器人以及智能手机助手。

**复盘谷李大战**

复盘是职业围棋选手经常做的一件事，他们相信总结过去一盘棋的经验和教训，可以提高自己的棋艺。

AlphaGo团队也做了复盘，通过几张幻灯片的形式，席尔瓦复盘了这五场比赛的胜负关键处，而在场的听众被禁止拍照。

第1局的胜负关键处是，AlphaGo执白棋第102手打入黑空，职业高手们普遍认为这是一招险招，看上去李世石对此也早有准备。事后看，棋局的进程却是李世石应对有误，进入到了AlphaGo的计算步调中。随后，再下了几手棋，AlphaGo已经优势明显。

第2局开局不久，AlphaGo就下出了职业棋手们普遍认为不妥的一手棋。席尔瓦称其为反人类（unhuman）一手——第37手五路肩冲。观战的大多数职业高手认为这不成立，超出了职业高手们正常的行棋逻辑。

随后的进程，这手棋的价值逐渐闪现，李世石又一次输得毫无脾气。

席尔瓦解释道："多数评论员都第一时间批评这一步棋，从来没有人在这样的情况下走出如此一着。在胜负已定之后，一些专业人士重新思考这一步，他们改口称自己很可能也会走这一着。"

而在AlphaGo看来，当时只是一步很正常的走子选择而已。

对于第1局和第2局，许多职业围棋选手以及媒体分析都认为，AlphaGo逆转取胜，但是在AlphaGo自身的价值网络所作的实时胜率分析看来，自己始终处于领先。在AlphaGo获胜的四盘中，AlphaGo系统自有的胜率评估始终都是领先李世石，从头到尾压制直到最终获胜。

第3局和第5局，AlphaGo都是在棋局刚开始不久，就已经取得了明显优势并持续提高胜率直到终局。与职业棋手根据经验所作的胜负判断不同，AlphaGo的自有胜率评估是基于一个价值模块，作出对棋局胜负的预计。

这两种判断截然不同。当第5局右下角的争夺错综复杂时，AlphaGo选择脱先，转而落子在其他位置。不少职业棋手认为，AlphaGo在此犯错并落后了，但AlphaGo的选择却是依据全局最优估计而作出的。

以几局的成败论，AlphaGo的这种判断似乎更为准确。突破了职业棋手对围棋的传统的理解范畴，不再局限于棋手多年培养出来的围棋直觉和套路定式，会选择探索职业棋手通常不愿意考虑的招数。AlphaGo 在学习人类棋谱的基础上，还进行了大量的自我对弈，从而研究出了一些人类从未涉及的走法。

## "神之一手"的背后

AlphaGo 系统并非无懈可击，但是，漏洞并不是所谓的模仿棋、打劫等等。它的漏洞体现在李世石赢得比赛的第 4 局，AlphaGo 取得巨大进步的价值模块出现了瑕疵，这也是 AlphaGo 在五局棋中唯一的一个漏洞，也是唯一的一盘失利。

在第 4 局中，开局之后很快就几陷绝境中的李世石，弈出了被来自中国的世界冠军古力称为"神之一手"的白 78 手，凌空一挖。坚韧如山的对手突然倒下，AlphaGo 变得不知所措，连续出现低级昏招，这也成就了 AlphaGo 有记载的公开的首局失利。

对于 AlphaGo 的异常表现，各路观战的职业高手充满了猜测。即使是观赛的哈撒比斯和席尔瓦也都不知道究竟发生了什么。

事后的分析显示，在李世石下出第 78 手之前，AlphaGo 自有的胜率评估一直认为自己领先，评估的胜率高达 70%。在第 78 手之后，AlphaGo 评估的胜率急转直下，被李世石遥遥领先，之后再也没有缩小差距。

为什么 AlphaGo 面对李世石的第 78 手表现如此差？是因为它没有想到李世石的这手棋吗？

席尔瓦揭晓了这一秘密。AlphaGo 的计算体系中，的确曾经评估过这手棋，只是在 AlphaGo 的评估中，李世石走那一子的概率大概是万分之一，最终，它没有想到李世石会这样走，也就没有计算李世石这样走之后如何应对。

赛后，获胜的李世石则说，这一手在他看来是唯一的选择。

AlphaGo 背后的蒙特卡洛树搜索依赖的策略网络，是根据人类对弈棋谱数据训练出来的模型，它很难去预测白 78 手这样的所谓手筋妙招，也就很难判断基于这一步继续往下搜索之后的胜负状态。

这就是 AlphaGo 在这五盘对局中表现出的唯一破绽，也是目前人类智慧还领先于 AlphaGo 背后的大数据驱动的通用人工智能（Data - driven Artificial General Intelligence）的地方。

**人工智能已然无敌？**

在此次大赛之前，大多数来自职业围棋界的棋手包括李世石自己都认为，李世石会轻松取胜。但是，DeepMind 团队却信心满满。另一位 DeepMind 团队的主力成员也曾经在 UCL 介绍 AlphaGo 的进展，在展望与李世石的比赛时，他笃定地预言，AlphaGo 会赢。

当有人问及从去年 10 月战胜樊麾，到今年 3 月对阵李世石，半年时间当中，AlphaGo 究竟有哪些方面的提升时，席尔瓦简要回答说："我们在系统的每一个模型上尽可能推进效果极致，尤其在价值网络上获得了很大的提升。训练价值网络的目标胜率除了通过自我对弈的结果外，我们还使用了搜索策略去尽可能逼近理论的胜率。"

直观地说，3 月版本的 AlphaGo 比半年前的水平大概是让四子——让对方先占据四个星位！

在战胜李世石之后，中国、韩国、日本许多职业棋手，包括李世石本人都希望能够再与 AlphaGo 一战。

按照等级分排名，AlphaGo 仅次于中国的世界冠军柯洁，排名世界第二。而席尔瓦透露，AlphaGo 的最新版本自我估分在 4500 左右，远远超出现在 3600 多的柯洁，实力水平大约在 13 段，人类选手中已然无敌！

AlphaGo 为什么会有这么强劲的表现？在讲座当中，席尔瓦部分地复述和解释了今年 1 月在《Nature》上发表的论文，讲述了人工智能的基本原理以及 AlphaGo 的技术框架。

对于人工智能来说，围棋游戏的难度在于，决策空间实在太大。决策（Decision Making）是人工智能的关键要素，使得机器能够在人类的世界中发挥作用。

在围棋以及任何游戏中，一次决策往往使得游戏更新到一个新的局面，于是影响到了接下来的决策，一直影响到最终游戏的胜负。人工智能的关键就是在决策空间中搜索达到最大效益的路径，最终体现在当前决策中。

围棋棋盘上棋子可能的组合方式的数量就有 10 的 170 次方之多，超过宇宙原子总数。在近乎无穷的决策空间中，去暴力搜索出当前棋盘的下一步最优走子是绝对不可能的事情。

AlphaGo 的方案是在这样的超级空间中，做到尽可能有效的路径选择。其思路是一个框架加两个模块：解决框架是蒙特卡洛树搜索（MonteCarlo Tree Search），两个模块分别是策略网络和价值网络。

策略网络（Policy Network）根据当前棋盘状态决策下一步走子，是典型的人工智能决策问题。策略网络搭建的第一步，基于KGS围棋服务器上30万张业余选手对弈棋谱的监督学习（SupervisedLearning），来判断当前棋盘人类最可能的下一走子是在哪里。

第二步，是利用监督学习得到的第一个策略网络通过自我对弈来训练一个加强版的策略网络，学习方法是强化学习（Reinforcement Learning），自我对弈3000万局，从人类的走子策略中进一步提升。

遵循策略网络的判断，在蒙特卡洛树搜索框架下对每个棋盘状态的采样范围就大大减小，这是一个搜索宽度的减小，但是由于一盘围棋总手数可以多达250步以上，搜索的深度仍然带来无法处理的巨大计算量，而这就由第二个模块——价值网络来解决。

价值网络（Value Network）的功能是根据当前棋盘状态判断黑白子某一方的胜率，是一个人工智能预测（Prediction）问题。

处理预测问题的机器学习模型一般需要直接知道需要预测的真实目标是什么，比如预测第二天的天气，或者预测用户是否会一周内购买某个商品，这些历史数据都有直接的目标数据可供机器学习。而在围棋对局中，给定的一盘棋局完全可能在历史上找不到哪次对弈出现过这样的局面，也就不能直接得到对弈最终的胜负结果。

AlphaGo的解决方法是使用强化学习得到的策略网络，以该棋局为起点进行大量自我对弈，并把最终的胜率记录下来作为价值网络学习的目标。

有了价值网络，蒙特卡洛树搜索也就不再需要一直采样到对弈的最后，而是在适当的搜索深度停下来，直接用价值网络估计当前胜率。这样就通过降低搜索的深度来大大减小运算量。

AlphaGo整合了目前机器学习领域的大多数有效的学习模型，包括通过采样来逼近最优解的蒙特卡洛树搜索，通过有监督学习和强化学习训练来降低搜索宽度并作出走子决策的策略网络，以及通过有监督学习训练来降低搜索深度提前判断胜率的价值网络。

作为人类棋手翘楚，33岁的职业围棋九段高手李世石，过去15年获得了十几个世界冠军头衔，总共进行了1万多盘围棋对弈，经过了3万多个小时训练，每秒可以搜索10个走子可能。

但是，作为人工智能科技进步的代表，吸收了近期机器学习人工智能的最新进展，建立起了全新的价值网络和策略网络，诞生只有两年时间的

AlphaGo，差不多经历了 3 万小时的训练，每秒却可以搜索 10 万个走子可能。这一刻，胜负已分。

### AlphaGo 之父十年磨一剑

似乎在一夜之间，机器选手战胜了人类最顶尖围棋选手。但是，对于席尔瓦来说，人工智能围棋耗时十几年，最终不过是水到渠成。

作为 AlphaGo 的幕后团队的技术主管，也是谷歌 DeepMind 团队最重要的科学家之一，席尔瓦还身兼 UCL 大学的教职，是该校计算机系的教授，教授"强化学习"的课程。

席尔瓦是在加拿大阿伯塔大学获得博士学位，师从世界上首屈一指的"强化学习"大师理查德·萨顿（Richard ·Sutton）研究强化学习算法，后来在另一座科技圣殿美国麻省理工学院从事博士后研究。

在攻读博士以及博士后工作期间，席尔瓦一直致力于强化学习在围棋人工智能上的研究。到英国 UCL 大学计算机系执教以后，他还经常拿围棋作为授课的应用实例。

开始听席尔瓦的课程的人不多。三年前，我曾上过他的课程。有一次因故迟到了 20 分钟，当时的教室里仍然可以找到座位。现在，随着他加入 Deepmind 团队，尤其是他掌舵 AlphaGo 项目后名声大噪，他的课程也开始广受欢迎，迟到的人基本上只能站着听课了。

加入 DeepMind 之前，席尔瓦即已开始和 CEO 杰米斯·哈萨比斯（Demis Hassabis）共同研究强化学习。哈萨比斯在 UCL 拿到了神经学博士学位。两个人都痴迷于游戏，哈撒比斯少年时曾经是英国国际象棋队队长，在 13 岁便已经获得国际象棋大师的头衔，青年时自创游戏公司，而席尔瓦则长期对围棋情有独钟。

2014 年初，在被谷歌收购之前，DeepMind 即开始与 UCL 洽谈，希望能买断席尔瓦的工作时间。这样可以保留他在大学的教职的同时，还可以让他在 DeepMind 全心工作。

加盟 DeepMind 之后，席尔瓦成立了 20 个人的 AlphaGo 团队，专门研究围棋人工智能。汇集整个团队的力量，他要求在技术研发的每一个环节上都追求极致。AlphaGo 团队成员透露，有的智能模块在谷歌团队看来已经很完美了，但是席尔瓦却仍认为不及格，离完美还差很远。

长期专注于人工智能与围棋项目，在技术方面追求极致，再加上势大财雄的谷歌的团队配合，最终成就了 AlphaGo 的骤然爆发。

## 人工智能的巨头争夺战

在 AlphaGo 取得巨大成功，获得全世界广泛关注的背后，是谷歌、Facebook、微软等几家科技巨头的竞争。基于人工智能，几大巨头都开展了各自的项目研究，以及人才争夺。

几天前的智能围棋大赛上，Facebook 派出了自己研发的"黑暗森林"，获得了第二名，其主创人员田渊栋正是来自于谷歌，他曾经服务于谷歌的无人驾驶汽车项目团队。

很明显，"黑暗森林"现在还不是 AlphaGo 的对手。

2014 年下半年以及 2015 年年中，我曾经两次在微软剑桥研究院实习，参与了微软 Xbox 音乐推荐引擎的研究项目，期望通过基于强化学习的人工智能算法来交互式地为用户推荐他们喜欢的音乐并从用户提供的反馈中进一步学习。

该项目组直接负责人是特拉·格朗普（ThoreGraepel），业界大名鼎鼎的机器学习专家，又一个技术大咖中的围棋高手。Windows 中围棋游戏里的人工智能就是他负责研发的，与席尔瓦一样，他也是 UCL 计算机系的兼职教授。

一个周一的上午，当我来到微软剑桥办公室的时候，一个同事告诉我，格朗普已经离职了，和席尔瓦一样，加入了 DeepMind。他后来告诉我，他在 DeepMind 感受到了前所未有的魅力，以致于他很后悔没有早一些加入。他感叹自己从未见过凝聚力如此之高，目标如此统一，而又没有任何考核压力的团队。

后来，格朗普的名字也出现在了《Nature》关于 AlphaGo 的论文作者名单中，在谷李大战间隙，他曾经与李世石一起接受电视台的采访，熟悉他的人能够明显地感受到，他发自内心的快乐。

我在微软实习的另一位导师，是毕业于剑桥大学的贝叶斯机器学习方面的专家，他有着扎实的数学功底，在 2015 年下半年也从微软离职，加入了剑桥的一家做语音识别智能系统的初创公司，不久之后该公司即被苹果公司收购。他带领一个 12 人的团队，负责苹果 Siri 智能问答系统的一项技术。

就在最近，我在伦敦的酒吧里见到了他，他私下透露，自己正在申请加入 DeepMind。他说，现在正处在人工智能真正爆发的历史转折点，从 0 到 1 一般地重大。未来 5 到 10 年，人工智能将会井喷式地发展，无论是工业界还

是学术界。在这样一个时代，搞人工智能出身的自己难道不想奋力拥抱浪潮么？

在这样一种情境下，他不甘于在团队中做管理，他已经半年没有写过一行程序，没有推过一个数学公式了。"今天的人工智能领域就像是一场举世瞩目的英超德比，全世界的人们都为此感到沸腾。而这个时候，我们人工智能研究员就应该上场比赛，成为主角，而不是在观众席上加油。"

AlphaGo 的巨大效应让谷歌吸引人才方面占尽优势，但是，Facebook、苹果、微软也不甘就此认输。

在格朗普从微软离职之后，一位年轻的女研究员接管了我在微软的实习项目，两人的研究成果在人工智能会议 AAAI2016 上发表。2015 年上半年，她在微软启动了一个叫作 AIX 的人工智能项目，提供了一个通用人工智能的平台，可以使得计算机科学家通过它编写智能学习程序并在微软旗下的《我的世界》（Minecraft）游戏世界中测试。

在 AIX 里，科学家并不需要直接编程告诉机器人如何完成一个具体的任务，例如选择什么样的路径攀登上一座山的顶峰，而是把如何学习并取得进步的程序输入机器人，让它们来通过和环境的交互来自动学习到完成任务的办法，真正做到"授机器以渔"。

与谷歌不一样，微软延续了自己惯用的平台战略思路。巨头之间战略思路不同，实属平常，但都非常看好人工智能、机器学习带来的战略机遇，并同时开始在人才、技术、市场方面的布局和竞争，也许这场竞争会决定未来10 年几家巨头竞争的胜负。

# 目 录

# 第一章

# 酝酿已久的围棋人机大战

# "代表人类出战"的李世石九段

2016 年 1 月，舆论吵得沸沸扬扬的阿尔法围棋和人类顶级棋手决战的对手终于确定，谷歌公司找到了韩国的李世石九段。李世石九段回忆："我只考虑了 3 分钟，就答应了。"

当时，李世石对他的对手几乎一无所知，虽然阿尔法围棋已经以 5∶0 战胜了欧洲冠军樊麾二段，但五盘棋谱尚未公布，李世石并不知道阿尔法围棋有多厉害，甚至没过问奖金一事。直到签完保密合同后才知道，奖金为 100 万美元。

李世石说，"这个比赛本身的意义，比奖金大得多。这是因为，我代表人类同计算机对战。"

"代表人类"！在围棋比赛中第一次出现如此凝重的词，给即将到来的比赛带来了一股冷峻的寒风！

"阿尔法围棋"的英文名 AlphaGo 是个合成词，由两部分组成，Alpha 对应希腊语的首字母，也就是常说的"阿尔法"；Go 是日语中对围棋的称呼。因此，许多人称之为"阿尔法围棋"，还有人根据发音亲昵地叫它"阿尔法狗"或"阿狗"、"狗狗"。如果意译，Alpha 是希腊语的第一个字母，意为"首要、关键"；Go 是日语中的围棋，英语意思则是"行进"。因此，也有国内媒体将 AlphaGo 译为"关键一步"。

李世石九段 1983 年 3 月 2 日生于韩国全罗南道，1995 年入段，1998 年二段，1999 年三段，2003 年因获 LG 杯冠军直接升为六段，2003 年 4 月获得韩国最大棋战 KT 杯亚军，升为七段，2003 年 7 月获第 16 届富士通杯冠军后直接升为九段。自 2002 年获得第一个世界冠军起，他先后又获得第 8 届春兰杯冠军，第 15 届、16 届、18 届富士通杯冠军，第 9 届、12 届、13 届三星杯冠军，第 7 届、第 12 届 LG 杯冠军，第 2 届、第 3 届丰田杯冠军，第 2 届、第 3 届 BC 信用卡杯冠军，2012 年，又获得三星杯冠军，世界冠军数量达到 14

个，仅次于李昌镐的 18 冠。此外，李世石九段还在奖金高达 500 万人民币的"十番棋"对决中以 6：2 的比分击败宿敌古力九段。因此，综合过去十余年的战绩，谷歌公司将李世石九段选为阿尔法围棋与人类对战的对手。李世石也是一位有爱心的热血青年。2008 年 5 月 12 日，中国四川汶川发生特大地震，当时"亚洲杯"决赛即将举行，赛前他与队友赵汉乘商量，决定把第 20 届亚洲杯电视快棋赛所获的冠亚军资金 300 万日元（冠军 250 万日元，亚军 50 万日元），折合人民币约 20 万元全部捐给地震灾区，感动了棋界。结果李世石获得冠军，两人兑现了承诺。

李世石属于典型的力战型棋风，善于敏锐地抓住对手的弱处主动出击，以强大的力量击垮对手，他的攻击可以用"稳、准、狠"来形容，经常能在劣势下完成逆转，人称"僵尸流"。从对胜负的嗅觉和对棋局的把握上来说，李世石可以说是独步天下，绝对是一代胜负师。李世石最开始出名凭借的是中后盘战斗的巨大力量和僵尸流的搅局功夫，鬼手层出不穷，说明他的计算力和力量绝对是顶尖的，他的计算力和力量与电脑对抗的结果，无疑也让人有所期待。

对于接受阿尔法围棋的挑战，李世石九段显得信心十足，在接受新浪体育记者的采访时表示，"既然接受挑战就有信心获胜，谷歌怎么想我不清楚，但我依然自信。在谷歌这个大项目即将完成的试验阶段，我作为人类代表接受挑战，如果输了的话……岂不是显得人类太软弱无力了？输两盘都不行，我要 4 比 1 或 5 比 0 拿下！"

谷歌公司和李世石签订的合同是五番棋，不过即使下成 3 比 0 也要下后两盘。谷歌需要对局数据，依靠这些数据完善阿尔法围棋。

对于计算机能否战胜人类，刚接受挑战的李世石并没有想到过自己会失利，他表示："快则两三年，慢则 5 到 10 年，那时人类就算输给电脑也会受冲击小些吧，毕竟已有先例。人类会输给电脑的时代来临了……即使我赢了，大家也会有心理准备，哪怕 5 年后人类输了……但是万一我现在输了，大家还完全没心理准备，那肯定会刮起巨大风暴。"

# 围棋界和技术界赛前预测严重对立

阿尔法围棋将挑战李世石九段的消息很快在舆论上掀起了轩然大波。对于一台电脑将要挑战顶级专业选手李世石，国际围棋联合会秘书长 Hajin Lee 说："当我第一次听到这个消息时，真的大吃一惊。我原以为这个挑战者肯定不知道顶级选手有多强大，但事实是我不清楚电脑有多强大。现在，我非常期待。"

仅仅两个多月以前，计算机围棋程序战胜顶尖人类围棋选手的道路看上去还很漫长。在北京举行的美林谷杯首届世界计算机围棋锦标赛中，来自韩国的著名程序"石子旋风"夺得冠军。但是，在随后进行的一场和中国围棋名人连笑七段的"人机大战"中，"石子旋风"受四子和五子连败两阵，被打到让六子之后才险胜一盘。以"石子旋风"的表现为参照，计算机程序要想复制当年"更深的蓝"击败国际象棋世界冠军卡斯帕罗夫的伟业犹如痴人说梦。

阿尔法围棋战胜欧洲围棋冠军樊麾二段的棋谱公布后，在围棋界引起巨大的关注，即使是业余高手也能从棋谱中看出阿尔法围棋的水平还不足以挑战一流棋手。因此，上海围棋队主教练刘世振七段乐观地认为："之前的顶级围棋 AI 棋力基本维持在业余五段的水平。有职业围棋选手参与的人机大战，一般都会让电脑五个子左右。在我看来，今年 3 月，李世石取胜没有悬念。"

国家围棋队总教练俞斌九段不但获得过世界冠军，对围棋软件也有较深的研究，曾开发出"俞斌围棋软件"，使围棋棋谱可以进行电脑化管理，但他之前对于未来的人机大战却是持悲观论者。他认为症结在于所有的围棋程序员都只是业余棋手，他们都不知道职业高手思考棋局的方法，造成软件水平连设计者都无法超越，又怎么去和顶尖高手较量？俞斌是中国围棋界出名的电脑达人，但他给出的结论是：根本看不到希望，也许 100 年都不可能。

可是，"阿尔法围棋"战胜樊麾的棋谱面世之后，俞斌的想法有了很大

5

变化。

"我觉得他们是找到了质的飞跃，但是现在我们还蒙在鼓里。我看了很多相关的资料，他们弄得有些神秘，我非常想知道其中的奥秘，这真是个'谜'啊！"

俞斌表示，对于一个程序员而言，万变不离其宗，最重要的是数据结构和算法。但是，从现有的资料来看，他还无法判断"阿尔法围棋"用的是什么样的新算法。据他猜想，可能是在模式识别、图形识别或者模型匹配方面实现了重大优化。

前国家队队员余平六段在得知阿尔法围棋战胜樊麾后一晚上睡不着觉，作为当年中国国家围棋队里知名的"电脑高手"，他充分理解电脑在围棋领域战胜职业选手意味着什么。

"我知道这一天终归会来，但是没想到来得这么快！以前我预测如果我亲自去搞一个人工智能程序，击败职业棋手的话，可能需要20年，没想到谷歌这么快就完成了。现在的问题是，阿尔法人工智能的核心是神经网络——策略网络和价值网络，我个人认为前者最重要。如果是通过深度学习，也就是用人堆出来的神经网络打败了樊麾，我觉得还可以接受，但如果不是用人堆的，而是真正的人工智能，那就太可怕！你想，如果人工智能已经不需要用人去堆，未来世界里，一个机器人的价值已经不能用人数去抗衡，这可能会颠覆人类固有的理念！"

余平六段仔细研究了公布出来的棋谱，他总结："我认为电脑围棋现在真的很厉害，很简单，它布局采取日本式的，非常工稳，到了中盘，电脑具有非常卓越的大局观，和职业棋手相比也不逊色，而到了后半盘官子阶段，算目数对它来说太简单了，还不会失误，这太重要了。我认为将来人类职业棋手如果不能在中盘就打败电脑，一旦进入后半盘，就根本没戏。"

李喆六段则认为："阿尔法围棋已具有职业水准，从棋谱初步判断是顶尖棋手让先到让先倒贴的水平，离战胜人类还有一小段距离。但这是3个月前的棋谱——以计算机学习的速度，它和李世石的对决相当值得期待。"

柯洁九段近期三获世界冠军，是当之无愧的当今围棋第一人，他虽然没有被谷歌选中作为人类的代表，但近来他与李世石多次交手，总战绩保持着8

:2 的优势。他在研究阿尔法围棋和樊麾二段棋谱的过程中疑窦丛生："震惊！虽说看棋谱感觉水平有限，但可怕的是这还不是完全体，它是可以学习进化的。这一次，谷歌悬赏一百万美元与李世石下，只能说李世石运气太好。以现在这个计算机的实力战胜李世石的可能性不到 5%。"

在这个时刻，柯洁也站在李世石这一边。毕竟对机器来说，顶尖高手没有多少区别，如果阿尔法围棋能战胜李世石，就说明它能战胜任何职业棋手。甚至，只要阿尔法围棋能赢李世石一盘，就表示机器有能力战胜任何职业棋手。在某种程度上可以说，这是一场全人类共同面对的比赛。

虽然职业界大都相信阿尔法围棋目前还不可能战胜李世石，但曾经旅美的著名国手江铸久九段却认为，李世石未必会赢得那么容易。

当年旅居美国期间，江铸久结识了美国数学家埃尔温·伯利坎普，又通过他接触到美国研究智力运动计算机程序的圈子，对于计算机围棋程序的发展进程非常熟悉。他说："几年以前，美国的一些计算机专家就认为蒙特卡洛树搜索的出现让计算机在围棋项目中战胜人类成为可能。当时之所以不行，是因为研究力量不集中，还有经费的问题。最近几年，神经网络和大数据发展迅速，而谷歌研究团队的优势在于他们技术的强大和对神经网络的应用。"

在江铸久看来，阿尔法围棋的厉害之处在于它对人脑思维的模仿。职业棋手可能会忽略的一点是，阿尔法围棋的表现可能具有"遇强愈强"的特点。以樊麾作为参照物，并不一定能完全反映阿尔法围棋的真正实力，因为对手还不够强。

江铸久说："李世石和电脑下的是五番棋，前三盘我不看好电脑，但是电脑很可能会越来越厉害。"他半开玩笑地表示，愿意开盘赌电脑赢第五盘。江铸久还说，虽然"人机大战"是五番棋，但实际上只要电脑赢一盘就相当于是电脑赢。

"只要电脑赢一盘，电脑超过人类的时间点就已经到了。现在是职业高手和业余棋手下'多面打'，将来可能会是电脑跟职业高手下'多面打'。"

余平六段也预测了 3 月份将展开的阿尔法围棋与李世石之战——"我感觉，李世石要吃苦头了！"

北京邮电大学教授刘知青是国内计算机围棋的专家，主持研发的智能机

器博弈程序"本手围棋"，多次获得全国机器博弈锦标赛冠军和世界奥林匹克计算机围棋比赛奖牌，他还著有《现代计算机围棋基础》一书。据他介绍，最近10年蒙特卡洛树搜索技术和机器学习技术的发展加快了计算机围棋的发展进程。2015年10月，他就在计算机世锦赛发布会上乐观地表示，电脑在围棋项目上战胜人类的那一天，在座的有生之年应该可以看到。

刘知青把阿尔法围棋战胜樊麾看作"远超过去"的巨大突破——已公布的五局棋谱，经国内"准一线"棋手察验，质量很高，"虽然离一线水准还有差距，但差距不大"。

据刘知青分析，"阿尔法围棋"之所以这么厉害是应用了"深度神经网络"技术，大大提高了蒙特卡洛树搜索的质量。谷歌的研究团队中有很多人都是相关领域的大家，这次爆发的背后也有他们多年的深厚积累。

对计算机围棋技术的发展，刘知青始终充满信心。不过，在记者请他预测李世石和"阿尔法围棋"的"人机大战"结果时，他说这只能是"盲人摸象"。

"如果一定要摸的话，我觉得机器的胜面更大一点？"

卡耐基梅隆大学机器人系博士田渊栋是脸谱（FACEBOOK）人工智能组研究员、脸谱智能围棋程序"黑暗森林"（DARKFOREST）的负责人和第一作者。

据田渊栋介绍，谷歌的研究团队起步早、投入大、动作快，而他自己是在2015年5月份看到他们在2014年投稿的论文之后，才开始做"黑暗森林"。如今，"黑暗森林"已经达到业余五段的水平，2016年1月参加KGS（著名的网络围棋服务器）的月度计算机围棋程序锦标赛时名列第三。如果不是当时出现了技术失误，很可能要拿冠军。

田渊栋在"知乎问答"中说，"阿尔法围棋"的开发团队训练了一个走子的神经网络，又训练了一个可以评估局面的网络，然后在蒙特卡洛树搜索中同时使用这两个网络，后者用了2000万局的自我对局的结果训练。总之，谷歌团队的做法充分利用了大数据加深度学习的优势，而几乎完全没有用到围棋领域的知识。"若是以后棋力能再往上走，我也不会惊讶。"

在被问到即将展开的"人机大战"的结果时，田渊栋谨慎地表示"不好说，我也很期待"。

具有相当棋力、一直从事"互联网＋围棋"的北京万同科技有限公司CEO陈雷注意到，五局棋的对弈时间早于2015年11月份的首届世界计算机围棋锦标赛，而彼时的赛后沙龙上，几乎所有计算机围棋技术从业者都相当乐观地认可，计算机棋手平等战胜人类，会在15～20年内发生。其实陈雷在"乐观派"中亦属最乐观的，当时他就认为"10年内必有突破"；但"谷歌默默无闻地做，一下子拿出来"，仍"令人震惊"。

至于令人瞩目的3月份人机大战，包括对计算机围棋最乐观的人在内，迄今没有人明确表示阿尔法围棋会是另一个"深蓝"。

创新工场CEO李开复表示：这次谷歌AI打败李世石比较悬，但是1～2年之内AI会完胜人类。阿尔法围棋去年底围棋等级分是3168，而李世石的等级分大概是3532，按照这个等级分对弈，阿尔法围棋每盘的胜算是11％，对弈五盘胜三盘以上的概率只有1.1％。

但在技术界，相信阿尔法围棋能战胜李世石的预测居于主流。在此次大赛之前，多数来自职业围棋界的棋手包括李世石自己都认为，李世石会轻松取胜。但是，开发出阿尔法围棋的DeepMind团队却信心满满。一位DeepMind团队的主力成员曾经在UCL介绍阿尔法围棋的进展，在展望与李世石的比赛时，他笃定地预言，阿尔法围棋会赢。

曾任中科院自动化所所长的中国自动化学会副理事长王飞跃则认为，在终极意义上，人工智能战胜人类是"伪命题"，因为只要规则明确，计算机围棋战胜人类"是迟早的事情"。

《自然》杂志在封面上对"阿尔法围棋"进行了报道。相关论文称，"阿尔法围棋"的最大特点不是计算速度，而是算法的优化。通过"价值网络"和"策略网络"两种计算方法，"阿尔法围棋"所评估的棋子位置只有"深蓝"的几千分之一，减少了大量的无用计算，变得更加智能。同时，研发者用许多专业棋局对"阿尔法围棋"进行训练，又让它和自己对弈，而每次对弈也是学习的过程，都让它棋力精进。

人力有时而穷，电脑却永远不会累，它一天可以下一百万盘棋。正是这样的优势，让研发者对"阿尔法围棋"信心十足，他们选择的下一个对手是

近十年夺得世界冠军头衔最多的李世石,并开出了 100 万美元奖金,而且,"我们认为,与李世石的较量,阿尔法围棋有 90% 机会胜出"。

《自然》杂志:"人类在下棋时有一个劣势,在长时间比赛后,他们会犯错,但机器不会。而且人类或许一年能下 1000 局,但机器一天就能下 100万局。"

王小川(搜狗 CEO):"阿尔法围棋的发布,是一个伟大的里程碑,深度学习的魅力在于只要一个领域里能够建模,并有充足的数据,就能够在这个领域里让机器做到超越人、取代人。阿尔法围棋会完胜,除了围棋,人工智能在其他博弈类的封闭游戏中,也会横扫一切。"

# 先后被人工智能攻陷的人类智能游戏

实际上,在围棋被人工智能攻克之前,电脑程序几乎已经战胜了所有知名的人类棋牌游戏。

跳棋,棋类第一沦陷地。1995 年棋类跳棋程序 Chinook(奇努克)在和人类跳棋冠军马里恩·廷斯利比赛中,打出了 6 局平手,之后廷斯利以身体不适退赛,Chinook 取得了冠军。所以,21 年前最顶尖的跳棋选手也只能和它打成平手。

跳棋挑战成功,国际象棋也不甘落后。1996 年,IBM 研发的"深蓝"(Deep Blue)邀请世界排名第一的国际象棋象棋大师卡斯帕罗夫进行对决。虽然第一局卡斯帕罗夫就输给了深蓝,但最终还是以 4∶2 的战绩将深蓝打败。

卡斯帕罗夫当时也是一振雄风:"电脑要想战胜世界冠军,得等到 2010年,我会为了人类的尊严而战!"

一语成谶,万万没想到转眼 1997 年深蓝就战胜了世界冠军!卡斯帕罗夫竟然以 1 胜 2 负 3 平的成绩,输给了深蓝的改进版"更深的蓝"……比他放出的豪言整整提前了 13 年!

1998 年阿南德、2002 年克拉姆尼克与电脑程序对战,电脑全部获胜。

在今天看来，"深蓝"还算不上足够智能，主要依靠强大的计算能力穷举所有路数来选择最佳策略："深蓝"靠硬算可以预判 12 步，卡斯帕罗夫可以预判 10 步，两者高下立现。德国人工智能研究中心负责人登格尔说，"深蓝"是人工智能发展史上一个里程碑，但用卡斯帕罗夫的话说，它不会因为取得胜利而"感到喜悦"。

2006 年 8 月 9 日，首届象棋"人机大战"在北京开战。五位象棋特级大师和大师柳大华、徐天红、张强、汪洋、卜凤波与电脑程序"浪潮天梭"对弈，结果象棋高手们以 9 比 11 告负。

值得一提的是，"浪潮天梭"在比赛中，同时迎战柳大华、张强、汪洋、徐天红、卜凤波 5 位大师。比赛异常激烈。柳大华在两局之间中场休息时，直言"艰苦卓绝"。在这场高强度的消耗战中，电脑最终取胜的关键，被认为是其不知疲倦的稳定性。

随后，象棋第一人许银川表示不服，单挑电脑程序。两盘顶级的"人机大战"均弈和，但如果操作电脑程序的爱好者拒和的话，胜负天平将毫无悬念地倒向电脑。而且，六年来电脑程序仍在更新中，而棋手的水平并未有明显提升，人类棋手逐渐难以与之抗衡。

国际象棋和象棋的特点决定了它们在电脑面前的弱势。两种棋的目标明确，只需杀死对手的王、帅即可获胜，着法均有章可循，电脑以其每秒亿计的速度能在极短时间搜索到最佳着法。现在从事国象、象棋的职业棋手如果还不会使用电脑训练的话，无异于拿大刀长矛去与枪炮作战。

特技大师柳大华对电脑程序的强大颇为无奈，慨叹："象棋没有味道了。"任何一个初出茅庐的象棋爱好者借助电脑程序进行训练，然后熟记若干盘棋局的话，就很容易成长为高手。柳大华等老牌特级大师在局面掌控、棋子配合等方面的优势在电脑程序面前近乎透明，象棋逐渐沦为一个比拼记忆熟练程度的游戏。

为避免落入套路的窠臼，被电脑所制，柳大华从第一手棋开始即尝试新招，然而，新招往往也意味着棋子效率的降低，又难免速败结局。

2008 年，德州扑克也被攻陷。一台名为"北极星 2"的电脑在赌城拉斯维加斯连续轻松击败了 6 名德州扑克的顶级职业选手。

2011 年，IBM 公司的人工智能"沃森"在美国智力问答节目《危险边缘》中战胜两位人类冠军，表明了电脑在海量数据存储和快速检索方面强大的能力。

2016 年，难道"人类最后的智慧明珠"围棋也将会沦陷？

# 围棋软件战胜人类为什么那样难

围棋相传为我国五帝之一、上古贤君尧所发明，历史十分悠久，除流行于我国外，在日本、韩国等国家也十分盛行，继而成为一种世界性的棋盘游戏。

围棋作为中国文明古老的棋类游戏，被认为是最复杂的棋类游戏之一，其复杂程度要比国际象棋高出好些数量级，被认为是人工智能最具挑战性的游戏。

提到人工智能计算机和人机大战，大家都会想起曾击败世界棋王、国际象棋领军人物卡斯帕罗夫的超级计算机"深蓝"。1997 年，由 IBM 公司设计的会下国际象棋的计算机"深蓝"在全世界媒体的关注下首次完成电脑击败人脑的惊人挑战，开创了此后的人工智能博弈时代。

有人问打败国际象棋世界冠军的计算机"深蓝 DeepBlue"的设计师："计算机是否也能下围棋？"

"不行，下围棋不行。"

为什么计算机挑战国际象棋 10 多年前就成功，挑战围棋却不行？

首先，围棋的棋盘很大（19×19），因此通常被认为是难以编写围棋程序的一个重要原因。围棋棋盘上每一点，都有黑，白，空，三种情况，棋盘上共有 19×19＝361 个点，每回合有 250 种可能，一盘棋可长达 150 回合。同时，围棋有 3^361 种局面，而可观测到的宇宙，原子数量才 10^80，可能产生的局数呈指数级增长，棋盘上棋子可能的组合方式的数量达到了 10 的 170 次方之多。

相比之下中国象棋9×9，国际象棋8×8，平均每回合只有35种可能，一盘棋有80回合；因此国际象棋和中国象棋 AI 的算法可以枚举所有可能招法，但这种思路却无法应用在围棋上。

围棋业余六段鲍云在江苏卫视《最强大脑》节目中以蒙眼走迷宫一炮走红，他具有计算机专业背景，现在也在从事围棋人工智能的开发。

鲍云说自己与电脑围棋下过九路盘（约标准棋盘的1/4），对手还是很厉害的，但棋盘越大，变化越复杂，纵横十九道，电脑就力有不逮了，"那是因为围棋只有在封闭空间下才能靠计算，而开放的战局更需要靠对棋的理解，这就非电脑所长了。"

"从物理上来说，围棋盘太大，计算机任何速度和强度都做不到接近暴力破解；从算法上来说，围棋知识点不好学也不好量化，让机器学很难。"

其次，国际象棋和中国象棋每个棋子的价值都有所不同，棋子的走动必须遵守一定的规则，例如国际象棋，开局的时候可以动8个兵（×2）和两个马（×2）共20种招法，虽然开局到中期招法会多一点，但是总数也就是几十种。中国象棋也是一样，开局5个兵＋炮（12）＋士相×2＋马×4＋车×2×3＋将帅共28种，跟国际象棋差不多。但围棋的下子没有限制，开局有361种选择，所有着法都有可能。

这两个游戏判断局面也简单，将军的加分，攻击强子加分，被将军或者有强子被攻击减分，控制范围大的加分，国际象棋里即将升变的兵加分，中国象棋里接近底线的兵减分，粗略一算就可以有个相对不错的判断。因此国际象棋和中国象棋都可以有一个较为简单的估值函数。

在下棋的过程中，象棋的棋子数逐渐减少，使游戏逐渐简化。但是，围棋却是棋子数逐渐增多，每下一子，都会使局势变得更复杂。

在胜负方面，国际象棋目标明确，只要杀死国王即可（跟象棋、日本将棋系出同源）。

反观围棋，围棋没有王和帅这样的攻击目标，每颗棋子一会是棋筋，一会又是废子，电脑难以"定位"。围棋中的厚势本身并没有目数，但可以直接围空或者通过攻击间接围空，而厚势本身的价值，电脑也不好判定。

在胜负方面，围棋的胜负不是要杀对方棋子，而是占更多的地，每一步

有数百种以上的走法，算法的困难度明显要高得多。

而人类就不同了，虽然无法拥有大量数据分析，却有得天独厚的逻辑推理能力，从一手棋到后面十手，乃至几十手，都可以"算"出。在"蒙特卡洛算法"出来之前，一位智力正常的人学习下围棋，用不了几个月就可以击败所有的电脑围棋程序。

可见，电脑程序之所以能打败国际象棋和象棋特级大师，依靠的是不知疲倦的高速检索能力，每一种开局、每一种防御在计算机强大的运算检索能力面前都不值一提。不过这种机械方法在围棋面前却失去了用武之地。

除了复杂度高，围棋还有一大特点——黑白两方棋的每个棋子是一样的，没有大小之分、角色之别。这给计算机程序的运算推理带来了很大难度，因为从哲学上看，围棋具有"语境敏感性"，不太适合逻辑推理；而棋子各不相同的中国象棋、国际象棋具有"超语境性"，每个棋子角色明确，不因棋局的变化而改变，非常适合逻辑推理，这正是计算机的强项。

另一种不看好围棋人工智能前景的论调认为，电脑的短板在于无法从文化层面理解围棋运动。围棋有争先、取势、占优等无法被计算机数学量化的战略战术，从规则设计上就迥然不同于象棋。棋手可以弃局部而谋全局，这些战略思路却很难灌输给电脑。如果研发者只注重技术上的提升，而无法深刻理解这项运动的文化属性，即便是脸谱和谷歌投入，也会不得要领。

如今，近20年时间过去了，超级计算机通过强大的运算和编程能力，几乎在所有棋类比赛中都有击败人脑的记录。唯独在围棋领域，电脑依然如蹒跚学步的孩子般缓慢前行。长期以来，绝大部分科学家和围棋业内人士认为，电脑在围棋比赛中不可能战胜人脑，计算机围棋程序如同人工智能领域里的哥德巴赫猜想，还无法像"深蓝"击败卡斯帕罗夫那样击败顶尖围棋高手。

不过，随着计算机运算能力的不断提高，加上云计算、大数据等新式IT技术的广泛应用，人工智能一直在不断发展，制造一部会下围棋的"深蓝"已不是梦想。

从2006年开始，随着蒙特卡洛树搜索和机器学习在围棋上的应用，电脑围棋水平有了突飞猛进的增长，这种算法的出现，可以看作是人工智能取得突破性进展的标志：计算机的思考方式，已经有点接近人类的思维方式了。

目前使用蒙特卡洛树搜索的围棋对弈软件有疯石围棋（CrazyStone）、银星围棋（SilverStar）、天顶围棋（zen）等电脑围棋程序都取得了不错的成绩。

2011 年 8 月欧洲围棋大会，电脑围棋软件 zen 在 19 路盘上让五子击败日本职业棋手林耕三六段。2012 年 3 月，zen 被让四子击败了日本超一流棋手武宫正树九段，这是围棋程序首次在让四子的情况下战胜第一流职业选手。2013 年，"疯石"被让四子击败日本石田芳夫九段，2014 年，"疯石"被让四子击败日本依田纪基九段。可见围棋软件进步迅速，至少比起十年前对弈水平已经提高一大截，受让四子优势明显。

然而，在职业棋手让当今电脑围棋比赛冠军四五子的同时，从未在公众面前露过脸的阿尔法围棋却悄悄战胜了欧洲围棋冠军，阿尔法围棋在和法国疯石、日本 zen 等当今最优秀的计算机围棋程序较量了 500 盘，结果是阿尔法围棋只因失误输了一盘。阿尔法围棋的研发者杰米斯·哈萨比斯自信地表示："当然，这个失误通过反复的学习已经避免了，以后不会有输给计算机围棋程序的情况发生。"

"人类最后的智慧明珠"已经面临被攻克的威胁。

# 大公司为何会介入围棋软件研发

在围棋软件的研发中，随着谷歌和脸谱公司的加入，攻克"人类最后的智慧明珠"之争已越演越烈，大公司的介入使以往的个人研发完全不再具有优势。对此，鲍云的看法是："特别是脸谱和谷歌的介入，一旦有大投入，养个百人团队，大家齐心协力而不是各自为战，就有快速取得突破的可能。"

Deepmind 被谷歌收购之前，这家游戏公司的能力并没有这么强。收购之后，融入谷歌的深度学习技术，其计算能力飞速提升。2014 年 10 月份，在欧洲比赛之后，谷歌内部认为这是一次很好的市场推广的机会，为此投入了更大规模的资金，为阿尔法围棋增加了 2000 倍的计算能力。

再傻的的人也不会相信谷歌和脸谱研发围棋对弈程序是为了制造一个围

棋超人来和顶级的职业棋手争夺世界大赛的奖金，那点奖金应该还养不活他们公司的一个顶级程序员。

乔布斯创办的苹果公司如今绝对是世界上"最牛"的公司之一，但仅仅在20多年前，这家公司却是被IBM公司完虐的"苦孩子"。尽管苹果公司的电脑依然被业界誉为最好的电脑，但在IBM公司兼容机战略的冲击下，曲高和寡的苹果电脑公司几乎破产。苹果公司能够睥睨市场，也就是拜最近几年苹果手机风靡所赐。

IBM能够在当时独步市场，虽然与更多的战略有关，但其研发的"深蓝"电脑战胜卡斯帕罗夫无疑具有更大的里程碑意义，其所带来的持久的市场宣传效果花再多的广告费也无法获得。

因此，当今两大互联网巨头谷歌和脸谱介入围棋软件研发，实际上是在争夺人工智能时代的制高点，谁研制的围棋软件能够首先战胜人类顶级棋手，它所带来的里程碑意义将再也无法从人们的记忆中抹去，而且也不能从历史中抹去。

脸谱公司介入围棋软件的研发虽然不长，但进展却很快。脸谱公司CEO扎克伯格说："在过去六个月中，我们已开发了一个人工智能系统，代号为Darkforest（黑暗森林）。它走棋的速度很快，每隔0.1秒就能走一步棋。我们已经快要成功了。"

然而Darkforest（黑暗森林）2016年3月参加日本第9届UEC杯围棋软件赛，负于成名已久的zen（天顶围棋），仅获得亚军。与已能战胜职业棋手的阿尔法围棋相比，这场抢占人工智能时代制高点的争夺战脸谱业已失败。

阿尔法围棋在短短几个月实现性能的大幅提升，用五个月走完了IBM"深蓝"4年的路，体现了当前人工智能系统学习速度之快。但谷歌并不打算制造出一个围棋高手，阿尔法围棋开发者哈萨比斯表示，选择围棋只是对人工智能水平的测试，最终还是为了获得在现实领域的应用。

对此，关注互联网行业的华尔街顶级分析师卡洛斯科基纳曾表示，不论是投资者还是分析师，都忽略了谷歌在人工智能领域的布局。而在此之前，谷歌对于人工智能的成绩出奇地低调。

为准备阿尔法围棋和李世石的人机大战，谷歌想要做的绝不止一场人工智能战胜围棋冠军比赛那么简单。而为了此次大赛，谷歌也是做足了准备。结果让本应是科技圈和围棋圈的一场博弈，却成为了全社会舆论的焦点。一方面，谷歌自身做足了功夫。搜狗董事长王小川分析："此次人机大战是一次成功的商业运作。谷歌深刻地考虑了选什么人，他们做了充分的准备，缜密思考全盘的事情。谷歌此次动用了上万台的机器，对外宣称 1200 台，2000 个 GPU，比深蓝计算力提高了 3 万倍。"

王小川表示，谷歌制造了一种必须取胜的强大气场，同样让人印象深刻，这也营造出了商业噱头，"他们花了超过 4 亿英镑收购这个团队，进入谷歌后，也得到了支持，你要什么资源，我都可以无条件满足你。"他的这一观点，和目前围棋排名第一的柯洁九段不谋而合，柯洁也表示，如果李世石输掉比赛，那么就是给谷歌的一次"免费宣传"。

另一方面，谷歌多管齐下最大化地激发了社会化传播，引发了很多科技巨头，如中国的李开复、王小川，甚至是国际竞争对手扎克伯格的关注和公开表态。今年将重点发力于人工智能的搜狗、竞争激烈的视频网站等，也都在人机大战的流量中，找到了自己的增长点。从效果来看，此次人机大战是一次多赢的事件。

为何一场围棋比赛会如此重要？除了被上升到人脑和电脑的竞赛外，也彰显出作为主办方谷歌的野心。

2015 年 10 月份，谷歌 CEO 皮查伊表态，谷歌计划将人工智能研发和所有核心业务联合起来，包括搜索引擎、广告、视频网站 YouTube 和电子商场 Play。

而实际上，谷歌想要用人工智能颠覆的绝不止于此。2015 年 3 月，谷歌机器学习大规模应用于医药研发——经过多年的研究，神经网络深度学习应用于虚拟药物筛选，高通量的筛选过程通过计算机完成，可以检测出药物是否应该更换或者加量。同月谷歌宣布自动驾驶汽车将在 5 年内上市；2015 年 4 月谷歌隐形眼镜实时监测血糖；2015 年 6 月谷歌人工智能摄像头即时翻译拓展到 27 种语言；2015 年 10 月谷歌利用人工智能来排名网页；2015 年 11 月谷歌人工智能帮你回复邮件；2015 年 12 月：谷歌开发人工智能聊天机器人……

# 阿尔法围棋的第一个受害者

曾经0:5输给阿尔法围棋的樊麾二段这次担任阿尔法围棋——李世石人机大战的裁判，由于他代表职业棋手第一个输给了阿尔法围棋，这段时间他倍感压力。

樊麾1981年出生在陕西西安，从小学棋，也算是"年少成名"，曾入选过中国国少队，围棋职业二段。2000年左右没有去当时的"围棋圣地"日本，而是搬到了法国，一直生活到现在。这位自称棋艺"不怎么样"的选手，现在是法国围棋队的教练，也是过去三年欧洲的围棋冠军。

樊麾的背景和资历让他成为了阿尔法围棋理想的测验对手：有一定实力，但并没有那么高不可攀。同时又有名气，如果赢了他将会是很好的宣传噱头。

2015年9月初，樊麾刚比完欧洲围棋赛，拿了冠军，和太太在东欧那边玩了一圈。回到家就发现了DeepMind公司发来的邮件，询问他有没有兴趣去他们公司访问。邮件中并没有说是程序，更没说是和围棋有关。樊麾虽然不明就里，但在欧洲这种事也比较平常，出于好奇，他就给他们回了邮件。此时樊麾完全没有料到，这封陌生的电子邮件会给他平静的生活带来多大的改变。

樊麾告诉记者："接着就是约我网上视频会议。第一次用Skple连线，也没有说是和围棋相关的项目。只是说很高兴我能过去访问，他们现在有一个很好的项目，他们自己很兴奋，不过在让我了解这个项目之前，需要签一个保密协议。然后他们传过来这个协议，我签完传回去。等到第二次视频会议，才开始告诉我具体是什么。"

樊麾上了它们公司官网，找到了一篇之前的与围棋相关的论文。那篇论文写的是一个最初的概念，虽然里面有很多技术看不懂，不过猜到了应该是和围棋有关。当时想的应该是一个围棋程序，让他帮忙测试一下，出出点子。

樊麾对电脑围棋程序并非一无所知，人工智能里有一个共识，围棋是人类最后的一个堡垒，是最难的，所以这方面的研究人员很早以前就对人工智能下围棋有很大的兴趣。樊麾记得 2005 年的时候法国就开发了一个围棋程序 MoGo，第一次用了现在流行的蒙特卡洛树搜索，他还跟这个程序下过，是 9 乘 9 那种，当时并没有觉得它厉害。

后来樊麾才知道，做这个程序的不少研究人员，后来被吸纳到了 DeepMind 公司来了。所以谷歌关注围棋不是一天两天了，只不过一直没有找到那个核心的可以带来突破的东西。

9 月底樊麾第一次去 DeepMind 公司参观，纯粹抱着旅游的心态。双方确定了比赛时间、比赛方式等等。樊麾发现他们对于人工智能方面可能很擅长，但对于这个比赛要怎么弄，一点经验都没有。最让他惊讶的是他们询问："万一机器赢了，下围棋的人会不会恨他们？会不会因此伤害到很多人的利益？"

对此，樊麾完全没有心理准备，他根本没想到自己会输给电脑程序。

樊麾和阿尔法围棋的比赛定在了 2015 年 10 月 5 日至 9 日，共 5 天。比赛是一天两场，一共 10 盘。5 盘正式的，还有 5 盘非正式的快棋。正式的比赛樊麾 0:5 败，非正式的快棋樊麾 2 胜 3 负。

2016 年 1 月，哈萨比斯等人在英国《自然》杂志上发文说，在英国围棋协会见证下，"阿尔法围棋"以 5:0 战胜欧洲围棋冠军、前中国职业棋手樊麾，成为第一个击败人类职业棋手的电脑程序。

樊麾的失利成为人工智能里程碑的事件，也使他一时陷入舆论的风口浪尖。

在围棋界，职业棋手第一次输给电脑是个非常令人震惊的"意外事件"，在阿尔法围棋战胜樊麾之前，最好的电脑围棋也要被顶级棋手让四五子，顶多能达到业余 5 段水平。因此在震惊之余，普遍还是有些怀疑阿尔法围棋的水平。

常昊（职业九段，围棋世界冠军）："看到棋谱之后感觉虽然谷歌 AI 的水平离一线高手还有距离，但进步速度确实大大超出了包括我在内绝大多数人的意料。"

罗洗河（职业九段，围棋世界冠军）："大概让四五个子吧，四个子我有信心获胜。"

时越（职业九段，围棋世界冠军）："5盘棋电脑下的让我惊叹，我认为水平已经迈入了职业的门槛。个人认为这东西具备专业初段的水平，不超过专业五段。"

樊麾二段也特别懊恼："我之前从来没有输给过电脑，去之前我根本没想到自己会输。"

由于签订有保密协议，樊麾对外界的质疑保持沉默。"很多人看到那篇论文来找我，问我是不是真的输了。我说我虽然下得不好，但是我尽力了，是真的输了。阿尔法围棋的水平超出了我的想象。"

樊麾表示："输完第一盘，我就发现（情况）不对了。按我原来的设想，第一盘是想慢慢下，你围一点，我围一点，没有什么相互的战斗，希望可以稳稳地取胜。但结果就是，这么下我下不过。所以从第二盘开始，我就完全改变了策略和棋风，开始主动出击与它展开攻杀，说不定它会出现失误，就会变成我的机会。没想到反而输得更多。"

"之前的围棋程序，包括zen，疯石我都跟它们下过，其实还是之前的模式，就是死算，纯计算机的方式。而阿尔法围棋最厉害的，是除了算的部分，还有一个另外的'判断'的部分，这就往前迈了一大步。"

"之前所有（围棋）软件最大的毛病，就是会下一些'电脑棋'，电脑棋就是那些毫无理由的奇怪的招，跟短路了一样，可以简单理解成'昏招'。只要它下了电脑棋，和它对垒的你瞬间就会充满自信，觉得不过如此，你就放松了。"

樊麾这样评价阿尔法围棋："阿尔法最厉害之处，就是不下'电脑棋'，不下特别奇怪的愚蠢的棋。如果你不提前告诉我，我完全感觉不出来对面是一个程序，它下棋的方式，很像真正的人类棋手。"

对于记者要求他预测李世石和阿尔法围棋的对决结果，樊麾回答："我没法预测，我对媒体都这么说。这是真的。如果阿尔法围棋停留在半年前跟我比赛那个水平，那它对李世石毫无胜算。但是它最强大的地方就是学习能力，DeepMind过去这几个月都在努力让它变得更强大。我只能说李世石比我聪明，我当时选择的用时太少了，以至于后面出现了太多失误。"

# 李世石是否能捍卫人类尊严

2016 年 3 月 8 日，"李世石 VS 谷歌阿尔法围棋人机大战"的新闻发布会在韩国首尔召开。李世石和阿尔法围棋将于 3 月 9 日北京时间中午 12 点开始五番棋第一盘的较量。

近十年来，李世石是夺取世界冠军头衔次数最多的超一流棋手，所以从严格意义上讲，这次才是真正的"人机大战"。

在决战前夜的新闻发布会上，"阿尔法围棋之父"杰米斯·哈萨比斯（Demis Hassabis）对阿尔法围棋如何运动及为何要挑战李世石作了介绍，他说："阿尔法围棋与纯粹计算年限搜索的'深蓝'不同，是从一系列游戏中不断学习，就像人一样，在和樊麾的比赛之后，阿尔法围棋已经进步了很多，但进步多少暂时保密。"

哈萨比斯同时也道出了阿尔法围棋进步的难点："一是没有足够的棋谱数据，二是人类在学习的时候可以有高水平的老师指导，而机器学习做不到这一点。"

"阿尔法围棋"的研发者杰米斯·哈萨比斯 1976 年出生英国伦敦，父亲是希腊人，母亲是新加坡华人。哈萨比斯本身就是一个传奇人物——他是游戏开发者、神经系统科学家、人工智能专家，还是一个国际象棋神童。总之，他是一个不折不扣的超级天才。

哈萨比斯 5 岁开始参加英国国内比赛，13 岁时就获得了国际象棋大师称号。

他喜欢各种智力游戏，至今仍保持着 5 次获得"智力奥运会"精英赛冠军的世界纪录。这一赛事的组织者说，哈萨比斯或许是"史上最佳玩家"。

也许是太过聪明，哈萨比斯自认"很容易感到无聊"。高中学校课程对他而言完全是"小菜一碟"，所以只好通过诸多课外活动打发时间，比如编写游戏程序。

17岁时，哈萨比斯开发出包含人工智能元素的视频游戏《主题公园》。20岁时，他从剑桥大学计算机专业毕业。22岁，成立游戏公司"仙丹工作室"。此后，在游戏领域创业失利的哈萨比斯选择回归学术，攻读了伦敦大学学院（UCL）的神经科学博士，致力于研究大脑海马体与情景记忆功能。

大学期间首次接触到围棋的哈萨比斯，在目睹了超级计算机"深蓝"与国际象棋大师卡斯帕罗夫的世纪对弈后，就一心想设计出能战胜人类的围棋程序。

2011年，哈萨比斯创立了自己的智能科技公司DeepMind（深度思维），三年后被谷歌以4亿英磅收购，成为谷歌旗下的子公司。谷歌支持哈萨比斯开发阿尔法围棋深度学习程序，这位哈佛&麻省理工双博士后的天才研发者终于实现了二十年前的梦想。

DeepMind研发阿尔法围棋的团队共有20名技术人员，大卫·席尔瓦是阿尔法围棋的幕后团队的技术主管，也是谷歌DeepMind团队最重要的科学家之一，他和哈萨比斯都被媒体冠以"阿尔法围棋之父"的头衔。席尔瓦还身兼UCL大学的教职，是该校计算机系的教授，教授"强化学习"的课程。

席尔瓦是在加拿大阿伯塔大学获得博士学位，师从世界上首屈一指的"强化学习"大师理查德·萨顿（Richard S. Sutton）研究强化学习算法，后来在另一座科技圣殿美国麻省理工学院从事博士后研究。

在攻读博士以及博士后工作期间，席尔瓦一直致力于强化学习在围棋人工智能上的研究。到英国UCL大学计算机系执教以后，他还经常拿围棋作为授课的应用实例。

加入DeepMind之前，席尔瓦即已开始和CEO哈萨比斯共同研究强化学习。哈萨比斯在UCL拿到了神经学博士学位。两个人都痴迷于游戏，哈萨比斯少年时曾经是英国国际象棋队队长，在13岁便已经获得国际象棋大师的头衔，青年时自创游戏公司，而席尔瓦则长期对围棋情有独钟。

2014年初，在被谷歌收购之前，DeepMind即开始与UCL洽谈，希望能买断席尔瓦的工作时间。这样可以保留他在大学的教职的同时，还可以让他在DeepMind全心工作。

加盟DeepMind之后，席尔瓦成立了20个人的阿尔法围棋团队，专门研究围棋人工智能。汇集整个团队的力量，他要求在技术研发的每一个环节上都追求极致。阿尔法围棋团队成员就透露，有的智能模块在谷歌团队看来已经很完美了，但是席尔瓦却仍认为不及格，离完美还差很远。

长期专注于人工智能与围棋项目，在技术方面追求极致，再加上势大财雄的谷歌的团队配合，最终成就了阿尔法围棋的骤然爆发。

在新闻发布会上，早前一直豪言自己将5:0取胜的李世石九段表示有些紧张："当初认为直觉比人工智能更准，听了副总裁（哈萨比斯）的介绍，对阿尔法围棋多了解了一些，感觉和自己想象是有区别的，如果犯了错就可能会输。但我还是认为自己胜算更大一些。"

李世石的紧张是有原因的，随着阿尔法围棋更多资料的公开，公众基本已知道阿尔法围棋具备"自我学习"能力，它的水平肯定已不能以战胜樊麾时的棋谱来判断，棋界对于李世石是否能轻松取胜阿尔法围棋的看法已趋于谨慎。

李世石还表示以前参加过很多比赛，但是此次是前所未有的。因为这次对手是机器，以前面对的是人，可以从棋谱方面进行很多准备，但这次是不可能的。所以只能在脑海里自己和自己比赛，每天进行这样的训练至少两个小时以上。

面对舆论对于人工智能终将取代人类的炒作，谷歌董事长施密特在新闻发布会上表示："这次无论谁胜谁负，实际上都是人类的胜利，正是因为人类的努力，才让机器学习有了现在的进展和突破。我们现在有很多方式去使用AI，比如使用翻译、看视频之类的，都有AI技术在里面。"

值得一提的是，李世石的妻子和女儿也一同到场，一起见证了这个历史性的时刻。发布会上李世石透露："之所以接受机器的挑战，是因为听到欧洲冠军被击败感到震惊。但是谷歌邀请的时候，觉得自己有很长的时间去准备，所以在5分钟内做出了决定，决定应战。但如果失败的话可能会对围棋的流行造成影响，人工智能能击败我们，在我们的生命中将是不可避免的事情。"

阿尔法围棋是否会和人类一样遇到天赋方面的瓶颈？谷歌方面表示目前还未遇到，但是会通过与顶尖高手的对决去测试这种可能性，这种瓶颈可能存在，但是就目前的情况来看，还未出现。

谷歌方面对阿尔法围棋的情况补充说道，人类在学习围棋的过程中会有导师指导，而阿尔法围棋除了已有的数据以外，并没有导师来告诉它哪一步棋是正确的，这可能是它继续提高的一个难题。

### 阿尔法围棋——李世石九段比赛详细规则

● 比赛赛程：此次对战分为5局，分别是：3月9日、3月10日、3月12日、3月13日和3月15日。

● 比赛胜负：五盘对局，取得三局或三局以上者为胜。若比赛出现3:0或3:1已经分出胜负后，也将下满5局，以让阿尔法围棋获得更多的学习机会。

● 比赛规则：将采用黑贴三又四分之三子的中国规则。每位棋手各有两个小时自由支配时间，3次60秒的读秒。

● 比赛时间：比赛开始时间为韩国当地时间下午1点（北京中午时间12点），比赛不设中间休息。每场比赛预计需要4至5个小时。

● 比赛流程：比赛时，李世石在棋盘上落子，助手将手数输入电脑传送给AlphaGo，AlphaGo的手数由助手摆到李世石落子的棋盘上。

● 比赛奖励：获胜的一方将获得100万美元奖励。若AlphaGo获胜，奖金将捐献给联合国儿童基金和其相关公益团体。

# 第二章

# "石破"

## ——阿尔法围棋与李世石五番棋大战侧记

围棋，中国的国粹，东方文化的精髓，人类智慧的结晶。这项古老而又常新的艺术发展到 2016 年，围棋技艺最高水平的代表、世界冠军受到了当代人工智能的挑战，围棋人工智能石破天惊，震撼全球。

# 人工智能"原子弹"引爆围棋圈

2016 年 1 月 28 日，围棋界引爆了一枚"原子弹"：围棋人工智能分先5：0击败欧洲围棋冠军、中国旅法国职业围棋手樊麾二段。这枚威力巨大的"原子弹"冲击波持续不断扩展，远远超出了围棋圈。

围棋界微信朋友圈被这一令所有棋友震惊的消息刷爆，人们对此众说纷纭：有的说不可信，是谷歌营销炒作；有的说樊麾是个托，有偿在配合；有的说开始不信后来看到棋谱信了；有的说计算机实力也就是韩国棋院院生和中国冲段少年的水平；大部分职业棋手预判围棋计算机水平下不过李世石；有的说经过半年学习后，计算机与李世石顶多是五五开；等等。

不管如何议论，一切在李世石与计算机约战后将水落石出，会有趋于一致的结论。

另一方面的议论也风生水起：有的说今后围棋老师的日子难过了，大部分学生都跟计算机学了；有的说职业棋手的饭碗会受到冲击，围棋冠军含金量降低了；有的说有一个谁也打不败的围棋计算机，围棋技术到顶了也就乏味了；有的说国际象棋和象棋计算机击败人脑也没多少消极影响；有的说今后围棋赛也会有软件作弊了；有的说今后在网上下比赛棋变得乏味了，因为你可能是跟永远胜不了的计算机下；有的说是大好事，多了一个至高无上的围棋老师；甚至还有人认为如果计算机会逻辑思维了，将是人类的末日；等等。这五花八门的议论足以表明这枚"原子弹"震撼力巨大。

全世界似乎都在期待，3 月 9 日的围棋人机大战会不会使围棋界闹翻天，会给人类生活和生存带来何种影响？

中国围棋队总教练、世界冠军俞斌九段预测：我是看好李世石的，这个比分只要突破了界限，很快就会突破李世石。所以要不就是李世石 5∶0 胜，要么就是 0∶5 负。我肯定投李世石胜。

世界冠军常昊道：感觉正常情况下李世石是一盘都不会输，如果计算机能赢一盘已经是非常大的突破了，我预测李世石会 5 比 0 获胜。

曹大元九段说：按人工智能 2015 年 10 月表现的水平，李世石取胜应该不会有问题，我认为会以压倒性优势获胜，我判断比分会是 5 比 0。

在围棋界，百分之九十五以上的人都坚信李世石能击败围棋人工智能，棋界普遍弥漫着一股乐观气氛。

## “氢弹”在韩国爆响震惊世界

3 月 9 日，一颗“氢弹”在韩国爆响，震动全世界！围棋计算机阿尔法围棋伟大地、划时代地首胜围棋世界冠军李世石九段，堪比人类登月，是人类科技发展史上又一里程碑。

李世石首局败阵后尚未丧失信心，他说：虽然受到很大冲击，但还是很享受这盘棋，并且很期待后面的比赛。第一盘我没下好，所以想后面的棋我胜算还是会很大吧，胜算会是五成吧。

围棋界才子李喆说：第一盘就赢了出乎大部分棋界人士预料，后几盘要看李世石能不能在心态做出调整后反击，我不希望李世石 0 比 5 败。

俞斌道：第一局电脑基本没有错误，从整局比赛看，电脑没有薄弱的地方。如果我自己下棋，发现对手的薄弱地方，就可能赢回来，但是电脑没有。

柯洁明确表示愿意接受阿尔法围棋约战：我想看看他的实力，百闻不如一见，百看不如一试。可能这是我第一次没有那么强烈的自信，我觉得自己胜算没有对其他棋手时那么大，大概占六成。

柯洁还略有担心地认为：按这个速度，再过几个月或几年，阿尔法围棋的胜算会越来越大，人类被它战胜也将是早晚的事。

对局前，笔者是李世石的坚定支持者，出于维护职业围棋选手的尊严，希望李全胜，但说实在的有很大盲目性。"狗狗（对人工智能阿尔法围棋的爱称)"赢了第一局后，见证了其强大，还是尊重事实为好，我倒戈成了坚定的"狗狗"粉丝。

"狗狗"赢了人类顶尖围棋手是大喜事，但围棋界忧虑声浪压倒了祝贺声，这个可以理解，但没必要，毕竟计算机是人造的，说到底这还是人类的胜利，笔者认为这是大好事，围棋界人士要赶紧调整思维，不要一味沉浸在忧虑之中。其实，李世石余下4局输赢都不重要了，重要的是围棋界面对计算机围棋强大的挑战该怎么办？此"氢弹"冲击波还会持续延伸、扩展，围棋还得下，学生还得教，比赛还得比，只是要用全新的角度，全新的眼光和态度来审视围棋才是正常的思路。

一个人的智力，体能是有限的，机器智力和能力超过个体人也是人类智慧的结晶。君不见，飞机代步比人快，龙门吊代力比人举得重，微信视频代眼看得远且清，电话代耳听得远，电脑代人脑无所不知，这都是人类创造的科技进步的成果给人类带来的福利和便利。

预计这一事件的深远影响力会持续发酵。我们不要怀疑樊麾或李世石是所谓的托而自我安慰，也不必嫉妒谷歌公司成功的商业炒作带来的巨大利润，更不必因此感到失去围棋选手的尊严，我们要冷静思考：围棋面对新的强大挑战，又该如何普及与提高呢？又该如何借用这一科技成果，生存得更好呢？

# "狗狗"好可爱 又胜第二局

围棋界多数人真心希望石头能拿下第二局，好给职业棋手挽回点面子，可是……只能说李世石的确不是托，他尽力了。

3月10日，可爱的"狗狗"第二局再中盘胜李世石，让围棋界又一次目

瞠口呆之余对其刮目相看。在昨天第一局，各路世界级高手判断形势，一会儿说白好，一会儿说黑不错，对同一局面判断也不同。赛后谷歌调出"狗狗"比赛中的形势判断，"狗狗"认为自己从头至尾一直优，是完胜之局。此局又是"狗狗"完胜之局，与第一局不同的是李世石已竭尽了全力，虽败犹荣。

此局最大的亮点是我们渐渐熟悉并喜欢上"狗狗"。是它，颠覆了人类一些围棋常识，给人耳目一新的感受。比如"狗狗"执黑下出的第 37、61、81、101 手，都给世界职业围棋高手上了一课，连聂卫平九段都表示要脱帽向"狗狗"致敬。如"狗狗"的第 37 手肩冲，令人耳目一新，李对此很头疼，花了很长时间判断，"狗狗"也许认为，就算把右边都给白棋，自己形势也不差，也有获胜的把握。可有人对此手褒贬不一，更多的是不理解，必须承认又学了一招。感觉"狗狗"的感觉跟人对局面的判断和把控不大一样，在常人看来是俗手、缓手它也下。狗狗的形势判断和把控局面的能力极强，石头有被牵着走的感觉。

第二局进行中，柯洁解说：这是黑棋不太有利的战斗，如果电脑后面没有好手段恐怕要输。黑亏飞了，"阿尔法围棋"居然下出这么臭的棋！这棋要让我去下的话，"狗狗"稳败！

谷歌公司研发团队的黄博士说：李世石二连败后，网络上有许多谣言，有些人甚至对李世石九段人身攻击，我觉得有必要澄清。这次比赛不论胜败如何，我们都应该尊重李世石九段。

这次比赛并没有所谓的不能打劫的保密协议。第一、第二盘棋复盘时李世石九段都摆出打劫的变化，只是实战他没有下出来。

职业围棋手们都要面对现实，放下架子，老老实实向"狗狗"学习，尊重科学不丢面子，向科学低头值得骄傲、自豪，此胜毕竟也是人类的胜利。

"狗狗"二连胜后，不少人产生了疑虑。

**疑虑一：围棋还会火吗？**

有人担心"狗狗"赢了人脑世界冠军，便将围棋神秘面纱剥落，围棋最高水平都不过如此，下围棋乏味了，也就没有人愿意学围棋了。笔者认为，恰恰相反，围棋会更红火。君不见前两局直播，世界有上亿人在观看，其中大部分是围棋界外人，这些人起码知道了围棋，知道了围棋是人类智慧之巅，这个宣传作用了不得啊！要特别感谢谷歌公司研发"狗狗"的团队。在这之前，没有任何人，也没有任何人能吸引如此多的人了解和关注围棋。

围棋本身具有的魅力才使其流传几千年，它的内涵博大精深，是一部百科全书，已会下围棋者终身不弃，足见其生命力旺盛。可以预见，通过这次人机大战，围棋人口在世界范围之内将猛增。

**疑虑之二：努力成为围棋职业棋手还有意义吗？**

有很多家长问笔者，围棋世界冠军都下不过机器，我们培训子女成为职业棋手还图个啥？

围棋作为一个行业，不会消失，围棋作为一门艺术会有源源不断的人们来追求。求道者求真谛，求精深，不会因为人机大战的结果而改变，何况在围棋方面，人类对其知之甚少，还要不断求解。日本棋圣藤泽秀行说他只懂得围棋的百分之七，这个绝不是谦虚。围棋不是一个"狗狗"可以了解、掌握透彻的。人类要认知围棋的全部还相当遥远，即使人类消亡了，也不见得能认识围棋的全部。面对这门高深、神秘的艺术，难道还担心无人为之奋斗吗？破解围棋之谜多有意义啊。

**疑虑三：职业棋手日子不好过了吧？**

世界冠军输给"狗狗"，说明人类掌握的围棋知识还远远不够，还要更加努力学习。"狗狗"是人制造的，人类不懂的知识它也难懂，它比人类高明之处是没有七七八八的因素干扰，只会选择最佳的一手，所以胜率颇高。当人对围棋的理解进一步加深后，击败现在的"狗狗"不是没有可能。当然，人类把新知识再输入给"狗狗"，人还是会败给它，人进步，它升级，如此循环，推动人类认识围棋余下百分之九十三的知识量。职业棋手永远是追求围棋真谛的特种兵，永远会受到人们尊重。根本不存在行业危机，恐慌、忧虑情绪毫无必要。倒是职业棋手头脑要清醒，要面对现实，要放下所谓的"自尊"或面子，向科技低头，向进步学习，把"狗狗"视为朋友、良师，调整好心态，努力提高棋艺，迎接未来升级版"狗狗"的挑战。"狗狗"胜是大好事，此举在围棋界之外的震撼和影响力或许还更大，更具有深远的意义。

# "狗狗" 3:0 胜　新的悬念产生

3月12日，李世石结婚十周年纪念日，"狗狗"送上一份"厚礼"，3:0击败围棋世界冠军，再次让围棋界惊愕不已。

第三局过后，没有多少围棋职业棋手不承认"狗狗"有超强的实力了，除了柯洁九段外也没有哪位职业棋手斗胆再在"狗狗"面前夸海口能赢了。不是舆论场有声音质疑"狗狗"不敢打劫吗？"狗狗"就打给你看，在一连串"劫争"过后，彻底降服石头。围棋棋手的最后一块遮羞布被无情扯下，石头输就输个精光。

此局从始至终石头就没好过，又是完败。

"狗狗"的围棋理念的确与棋手固有的理念不大一样，比如"狗狗"第32手兜底肩冲的感觉好似仙人指引，莫非这就是吴清源大师所说的21世纪围棋？这类让人惊奇的"神来之笔"比比皆是。

石头自第15手靠白拆二起，就在自己的势力范围内陷入被动；当"狗狗"第50手自撞紧气时，遭到一些职业棋手批评，但"狗狗"认为就该这样下，它的理念就是与棋手的常识不一样，结果却是挺好的。

当"狗狗"白52跳起纠缠住黑棋上下两块棋时，石头被碾压、被蹂躏的苦日子就开始了。从此，给人的感觉是石头始终被"狗狗"牵住鼻子，眼见风景下边独好，白皑皑一片，石头还寄希望吞灭白中腹大龙，当"狗狗"在左上角借力活透白龙后，石头彻底绝望了。再也不顾一切，干脆破釜沉舟，黑115深入"狗狗"大本营"搅局"，好个疯狂的石头，好歹搅出人们盼望已久的"劫争"，岂料这一切均在"狗狗"掌控之中，在有惊无险的劫争之后，石头还是在"劫"难逃，轰然英勇倒下。

通观战局，感受到"狗狗"的强大实力：在局部战斗中，总感觉虽然石头尽力反击，可全在"狗狗"的计算、掌控之中，非常无奈。更令人可怕的是，"狗狗"在大局观、全局掌控中也强于石头。看看这对局，犹如看"狗狗"这位真正的世界冠军与业余6段对阵。

世界冠军芈昱廷九段说：第一盘李世石可能有些随意，第二盘故意采取了一些策略但不成功，似乎完全看不到电脑的失误。第三盘李世石开局就拼命，还是不行。

古力九段在第三局观战评点时表示：一个部队（5个九段）还差不多，但一名棋士不可能是阿尔法围棋的对手。柯洁是很强，但仍然难以战胜阿尔法围棋。

中国围棋界排名第一的柯洁九段看了第三局也表示：我也可能输掉。柯洁曾在李世石首局输后，在自己的微博上表示：阿尔法围棋虽然赢了李世石，但它赢不了我。柯洁自信地认为自己获胜的几率为60%左右。柯洁对"狗狗"第三局表现评价道：近乎完美，几乎没有失误。同样情况下，我输掉的可能性很大。人民网在对柯洁的采访报道中认为：与第一局结束时不同，柯洁在看完第三局后，出现了一定的动摇。对于"狗狗"的棋力，柯洁预测道：因为阿尔法围棋在不断地学习，距离全人类输给它的日子已经不远了。

写到此，悬念来了，到底"狗狗"与世界冠军间有多大差距？罗洗河九段放言让"狗狗"四子已是笑谈，柯洁声言对"狗狗"有六七成胜率也折扣到百分之五了。按"狗狗"三局完胜李世石的战绩看，真正的悬念是，"狗狗"与石头差距有多大？让先还是让二子？

## "狗狗"错乱　石头迎来一胜

在0:3输给"狗狗"后，李世石反倒一身轻了，放开手脚一搏，终于在3月13日第四局中，中盘逼迫"狗狗"认输，迎来迟到的一胜，为职业围棋手挽回稍许面子。

第四局"狗狗"执黑，双方布局堂堂正正，但"狗狗"第23手碰入左下白小飞加单关角，让众人都吃了一惊，莫不是又出神来之笔？但随后该子被石头抱吃后，战局依然平稳进行。

战至第 39 手，"狗狗"在中腹筑起一道黑厚壁，与右上黑军遥相呼应。

石头见状，白 40 碰入右上角分割黑势，岂料战至第 46 手时白有点苦。此时，"狗狗"又亮出了 47 手肩冲，对上边三个散落白子实施战略包围。以下黑 51 至 69 手不顾右边黑四子安危，完成了对白孤军的合围。

石头判断，如果黑中腹围得太大，白将不易争胜，便当机立断，第 70 手空降黑中腹势力圈边缘浅消。旋即两军在中腹攻防大打出手。

激战中，李世石灵光一闪，弈出第 78 手严厉的一"挖"，给"狗狗"出了个大难题。谁知以下的"狗狗"好似换了另一个"狗狗"，像中了毒，又像精神错乱，简直不会下了，从 83 顶到 93 立，一损再损，将右边"黑狗"养肥后一并送给石头享用。石头开始一头雾水，一脸茫然，之后确认并非有什么陷阱时，毅然笑纳，并一举奠定胜势。之后，在垃圾时间里，"狗狗"无用抵抗了几十招后中盘认输。

此局"狗狗"的表现与前三局相比，大失水准。尤其是前半盘与后半盘判若两"狗"。不过，也许是石头的"一挖"太妙，太狠，诱导出了"狗狗"犯错。

其实，"挖"后，按柯洁等职业高手的正常演变结果，黑依然是优势。

王檄九段说：李世石 78 挖之后，电脑紊乱了，这样的胜利感觉也没什么可高兴的。

有棋迷感觉是计算机受到"黑客"攻击，也有怀疑是计算机出了故障，还有人估计谷歌第四局没将 1000 多台计算机联网，是测试单机版，等等。

不论是何种原因，是李世石"挖"出了"狗狗"破绽，才让"狗狗"云里雾里不清醒。在此，要对顽强抗争的伟大围棋斗士李世石九段致敬！

诚然，我们希望"狗狗"在最佳状态下出战人类，这样，我们才能学到更多的东西。人机大战，说到底，还是人人大战，谁输给谁都不丑，谁赢了谁都不是末日来临或神仙下凡。在深不可测的围棋面前，"狗狗"和职业棋手应携手并肩，共同探索其奥秘。

# "狗狗" 4∶1 赢得人机大战

3月15日，笔者应湖南电视台金鹰纪实卫视频道邀请，作为直播嘉宾，与广大观众见证了"狗狗"与世界冠军李世石九段第五局鏖战，4个半小时后，石头殚精竭虑后精疲力竭瘫软在坐椅上。

"狗狗"在第四局错乱后，第五局终于又恢复常态，并神勇再现，再次取得压倒性的胜利。

是役，李世石要求执黑先行得到谷歌方面认同，双方布局平常且平稳。激战在右下角打响，白20手扳起与常人不大一样，遭到黑21断反击后毅然弃掉白三子，抢到先手着眼中腹发展，颇有大局观，颇具战略眼光。但接下来白在右下一系列走法令职业高手们迷惑不解，白被黑走出"大头鬼"吃干净不说，还损失了大量劫材，局部按常人的棋理是白棋亏了。

然而，"狗狗"有自己的理解，大概它觉得就应该这么走，让棋盘变小，以节省计算量。

随即，"狗狗"的白60在右上角靠下，通过弃一子把黑右上角封了个严严实实，又是大局观极强的表现。眼见白棋在上边至中腹快连成白茫茫的势力圈，石头不得不走黑69肩冲，阻止白棋成空，岂料却是本局石头的败招，"狗狗"再次亮出惊艳一手，第70手凌空一"镇"，令人叫绝，凭此手掌握了战略主动权，迫使黑棋不得不在上边苦活，"狗狗"则率主力借攻击黑棋在中腹构筑成庞大势力圈，当白90手"跳"起后，一举奠定优势。

石头见状无可奈何，只得黑91飞挤压白中腹。

可是白熟视无睹，竟然于100手在下边拆一，加强左下大飞角，此招又被常人认为效率低下，职业棋手普遍没有这种感觉。这其实是"狗狗"在向石头宣示：我已经胜券在握了，快投降吧。

到狗狗白106守备左下角时，白已渐渐扩大了优势。石头又不得不黑第

107 手碰入白右下角，战到第 135 手黑溜底爬回右下大本营，被白 136 手先手在中腹"穿象眼"，黑棋顿陷入困境。

以下进入官子阶段，石头不甘心，又重操拿手"僵尸流"，在左下一带大搅一通，谁知"狗狗"成竹在胸，早已算清变化，牢牢掌控胜局，绝望中的李世石只得黯然缴枪。

通观全盘，还是"狗狗"完胜之局，"狗狗"胜在不拘泥局部小利，着眼大局，以高屋建瓴之势，高瞻远瞩战法，掌控石头于股掌之中。

"狗狗"在五番棋的内容上完全呈碾压之势，第四局所谓白第 78 手挖是石头的"神来之笔"之说其实并不成立，不过是人们自我安慰罢了。如果"狗狗"不是莫名其妙的错乱，依然是石头完败之局。

聂卫平："第五局电脑大局非常好，李世石黑 69 肩冲败着，应该走 75 位，抢到先手将左下三三点掉，应该是黑好。"

柯洁谈和"狗狗"对弈："重视程度会是关键，李世石就是太轻敌了，之前韩国媒体问他怎么准备的，李世石的回答是不用准备，自己不可能输的，所以第一场输掉以后对信心打击很大。"

李世石说："前三局我还没有摸透阿尔法围棋，第四局我觉得可战。特别是第五局我有战而胜之的信心，准备也是最为充分，但还是败下来了。和三连败相比，输掉第五局更让我痛。我的败因是意识到对手是机器后自己动摇了，再则是太想赢结果犯贪了。1 比 4 的比分太难看了，毫无辩解的余地。"

李世石还说："我是职业棋手，吃的是围棋饭，以围棋为生。在冷峻的胜负世界，人的情感是一种缺点。我应该彻底排除感情色彩临战，但没有做到这一点，我未能战胜我自己。不过，这只是我个人的限度，不是人类的限度。我再强调一遍，这次失败是李世石的失败，不是人类的失败。"

日本围棋第一人井山裕太九段表示："与围棋悠久历史上堪称最高水平的棋士对弈，人工智能赢了，对此感到震撼，这是无可奈何的结果。井山透露出挫折感。"

聂卫平棋圣说："电脑竟然 4 比 1 战胜了李世石，颠覆了我对电脑的全部认知，过去的一个星期对我来说是受到震撼的教育，作为职业棋手，我们应该都感觉到痛,应该把热情投入到围棋赛中,好好想想为何电脑这么厉害,我就不行。"

聂卫平还说:"人在布局不能领先的话,中盘一定很难。电脑中盘太厉害了,我原本是毫无保留完全支持李世石。但设身处地,感受到了电脑的强大,它似乎损失很大,但胜势不动,太受刺激了!计算机不是厉害,是太厉害了。"

李喆六段撰文称,Al 的算法决定其落子的决策基于胜率而不是最优,这意味着,我们人类所谓的失误对于 AI 而言很可能不是失误。第一局所谓李世石的领先和细棋都是人类经验带来的错觉,从开局到最后,一直是 Al 优势。这一判断也符合 Al 自己的胜率走势。如果我们只用人类思考围棋的方式来理解 Al,或许我们将永远都不知道是怎么输的。AI 的目标只有赢,不求最优。

俞斌道:"现在依我看谁也赢不了阿尔法围棋。我原来认为电脑最致命弱点就是,每一步变化太多,天文数字量级,如何判断是电脑做不好的,而人擅长做特别难的判断,所以阿尔法围棋不会是李世石的对手。我现在觉得职业棋手最高水平在发现阿尔法围棋致命弱点前是赢不了它的。"

十分克制的日本媒体,对于最终出现压倒性胜的结果也感到震惊,作出了"令人惊异的进化"、"震撼"、"令人感到恐怖"的反应。

李世石反省称:"它让我对人类创造力产生疑问。当我看到阿尔法围棋的走法时,我在怀疑,我所知道的围棋走法是不是对的?阿尔法围棋让我意识到,我必须更深入地研究围棋。"

李世石代表人类惨败给"狗狗"后,世界围棋界笼罩一片悲壮气氛,其实大可不必,"狗狗"不仅不可怕,还好可爱哦,是职业棋手的好朋友,它可以帮助围棋界对围棋的理解上一个新台阶,我们应该张开双臂拥抱"狗狗"。要冷静下来,研讨"狗狗"一系列新理念、新招法,虚心向"狗狗"学习,提高自己,有机会再向"狗狗"挑战,与可爱的"狗狗"一道,互相促进,联手去探索围棋无穷无尽的奥秘。

在十二届人大四次会议闭幕后的记者会上,国务院总理李克强主动谈起人机大战,他说道:"讲到中日韩关系也使我想到一个比较轻松的话题,就是

**围棋人机大战**

最近韩国棋手和 AlphaGO 进行围棋人机大战，三国很多民众都比较关注，这也表明三国之间文化有相似之处。我不想评论这个输赢，因为不管输赢如何，这个机器还是人造的。"李总理对人机大战的"轻松"感受，对"人"的充分肯定，或许可以给围棋界以启迪。

（杨志存）

# 第三章

# 阿尔法围棋战胜李世石带来的冲击波

# 对职业围棋界带来的震撼

观看阿尔法围棋五盘人机大战的表现，棋圣聂卫平九段颇为认可电脑的表现。第三局李世石九段输掉后，聂卫平虽然赞赏电脑的实力，但还是表达了职业棋手内心百感交集的感受。"人类真是难求一胜，今天还是输了一大把，作为职业棋手内心还是百感交集。"

赛后，当记者问及除了李世石谁能阻挡阿尔法围棋。拥有诸多弟子的棋圣坦言电脑已经无人可挡。"依我看谁都赢不了，我的弟子去下结果也都一样都是输。"

在聂卫平看来，没有找出电脑致命弱点之前，谁都不敢说赢棋。"我完全扭转了之前的看法，以前我认为职业棋手才是最高水平，但现在找不到电脑的弱点，无法赢得比赛。"

"1988 年我参加过计算机的世界比赛，当时应氏杯的发起人应昌期老先生出了奖金 40 万美金，悬赏计算机能让九子赢职业九段。"回忆起当时的日子，聂卫平依然印象深刻，显然上个世纪，计算机的水平与人类无法匹敌。

此前，按照当今电脑围棋大赛冠亚军的实力，虽然一直在进步，让四子已能战胜日本老一辈的超一流棋手，职业棋手都平静并期待着电脑围棋程序的进步，但当这一天突然降临时，职业棋手们显然还没有足够的心理准备。

中国围棋协会主席王汝南八段认为，这次阿尔法围棋挑战李世石的结果让围棋界震惊，"但是在震惊和冲击之余，我想慢慢就清晰了，其实阿尔法围棋有很多东西是值得引起我们职业围棋人学习或者是思考的地方，你要成功，是建立在实践的基础上、科学的基础上，所以我认为阿尔法围棋肯定是值得我们去学习的。"

王汝南八段说："我原来想，如果我们的职业棋手可以和人工智能形成两三年的对抗，那么对围棋在世界范围内的推广将很有好处。没有想到在这次人机大战中，棋手一下子就被它冲垮了。当然这里面除了技术进步的客观原

因之外，主观上也与人类一方对人工智能的重视程度不够有着很大的关系。"

英国围棋协会主席乔恩·戴蒙德表示："这场比赛之前，我曾预计，计算机程序能够击败人类顶级围棋选手，起码要等到 5 至 10 年后。"

在职业六段李喆看来，李世石为击败电脑可谓煞费苦心。第一局李世石采用了新布局，这是为了避免电脑研究过他的棋谱，然后马上导入开放式复杂局面，呈现出六七块棋纵横交错的场景。期待阿尔法围棋赖以生存的深度学习加蒙特卡洛算法在面对开放式复杂局面时可能会变得失效。第二局，李世石采用的策略是利用整个人类的智慧去攻击电脑弱点。李世石开局选择了最熟悉的布局应对，白方这一布局在历史上经久不衰，没有千局也有几百局实战了。经第一局试探，李世石发现电脑一般不会按棋谱的定式出招，所以用人类整体总结出的经验去对付电脑，结果还是完败。

据韩媒报道，第二局结束后，李世石与洪旻杓九段、朴正祥九段等好友进行了通宵复盘研究，寻找对付阿尔法围棋的策略。最终，大家得出共同结论：必须靠"打劫"等复杂下法才有机会胜。第三局的比赛的李世石表现出的顽强令人动容，黑 125 手奋不顾身投入下方白阵，看到这几乎等于"送死"的一手，不少棋迷和棋手表示"有流泪的冲动"。后半盘已超越围棋技术本身，李世石硬是在白棋大空中搞出"打劫"，但阿尔法用事实宣告：我根本不怕"打劫"。

第三局比赛结束后，韩国棋手宋泰坤九段感叹："尽管有幻想人工智能的弱点，但这盘棋很有可能让人类绝望。"

而世界冠军、韩国的金志锡九段甚至说，人类可能要被阿尔法围棋让两子。

江苏围棋队主教练丁波在接受《扬子晚报》记者采访时也表示："三局比赛看下来，李世石和阿尔法围棋根本没得下。并不是说李世石不行，其实换谁上去恐怕都是一个样。依我看比赛要有悬念，电脑应该让两子给人类恐怕才行。"

在围棋世界冠军常昊九段看来，这次阿尔法围棋给他留下的印象还是非常深的，"首先从胜负角度，在比赛之前可能大部分的职业棋手，虽然看了樊麾的那五盘棋，李世石赛前对胜负的预测，大部分职业棋手，包括我在内，是出乎意料。第二，从技术层面角度来说，以前至少我的印象，如果计算机赢人类，它的长处肯定是它不犯错，计算，相对应量化的东西可能是它特别强的一个地方，人类比不了的，可能布局、大局上，很难用量化的地方，是职业棋手比较强的，但是这几盘棋，其实有点颠覆我的看法，我没有想到计算机对于布局、大局的掌控其实是超出了我的想象。"常昊说道。

"我不知道它是不是自己学习，或者通过一些数据，通过它一些逻辑，我觉得象棋是有逻辑的，有可能计算机也有它的一些逻辑性，或者它通过大数据得出一些结论，包括我们比如印象比较深的，从布局角度来说，第二盘，这里可能有点技术，它第二盘我们常见的它虎完之后布局没有拆边，另外我们有可能是觉得黑15这个交换，人类可能会去保留，但是它交换掉，这可能是它的一些计算机跟我们的想法不一样，包括肩冲等等，包括第五盘李世石肩冲的时候，当时看完之后感觉有一些计算机不一样的地方。"常昊说道。

# 阿尔法围棋为什么强

阿尔法围棋能够在一夜之间一鸣惊人，这是因为它整合了目前机器学习领域的大多数有效的学习模型，包括通过采样来逼近最优解的蒙特卡洛树搜索，通过有监督学习和强化学习训练来降低搜索宽度并作出走子决策的策略网络，以及通过有监督学习训练的降低搜索深度提前判断胜率的价值网络。特别是后者，使阿尔法围棋一举超越了已有的电脑围棋程序，从而也使它最终能够战胜李世石。

以前的电脑围棋程序研究并没有关注如何让电脑程序判断棋盘上的局势，而是致力于研究如何更快地让电脑程序模拟出游戏的发展趋势。"疯石"采用了一种称为蒙特卡洛树搜索（Monte Carlo tree search）的算法：不是试图计算出所有可能的排列方式，而是在每走一部棋时，用随机数字发生器来随机选择计算其中一部分的排列方式，在可能的走法中随机选择一种。它只用了少量的自适应编程，即"机器学习"，来计算如何避免最差的走法。疯石确实战

胜过围棋专业选手，但只是当它被让了四子之后。

谷歌 DeepMind 公司的首席技术执行官席尔瓦、CEO 哈萨比斯和其他 18 位计算机科学家开发的阿尔法围棋，它不是随机选取落子的位置，而是学会了区分一步好棋和一步差棋，并判断它所处的局势。该团队在《自然》线上杂志发表文章说，该程序依赖"深层神经网络"来做到这些事——模仿在大脑中的神经元连接的计算机程序，并有能力"学习"。

从技术层面上讲，"阿尔法围棋"的核心是两种不同的深度神经网络——"策略网络"和"价值网络"。"价值网络"负责减少搜索的深度，一边推算一边判断局面，局面明显劣势的时候，就直接抛弃某些路线，不用一条道算到黑。"策略网络"负责减少搜索的宽度，面对眼前的一盘棋，有些棋步是明显不该走的，比如不该随便送子给别人吃。它们"双剑合璧"挑选出那些比较有前途的棋步，抛弃明显的差棋，从而将计算量控制在计算机可以完成的范围里，本质上和人类大脑所做的一样。而阿尔法围棋之前的围棋程序之所以还被人类让四五子，主要就是缺少"价值网络"。

阿尔法围棋的神经网络包括了几层抽象的相互连接的"神经元"，一个神经元可以导致或抑制另一个神经元的兴奋，"学习"就在该系统调整各个神经元之间的连接时完成了。例如，阿尔法围棋就采用"策略网络"来判断可能走法的可行性。神经网络的底层是 19 乘 19 的神经元阵列，用于拍摄棋盘的状态并将其输入程序。它的顶层也是一个类似的阵列，它显示了所有可能的落子位置和它们成功的概率。在顶层和底层之间又有 11 层神经网络。研究人员的目标是无论它检测到什么样的棋盘情况，神经网络都能自动给出最佳的下一步走法。为了"训练"神经网络，研究者们在它的数据库中存入了 3000 万局棋局。为了将它们连接起来，电脑调整了神经网络的连接关系，这就巧妙地将所有关于围棋的"知识"存在了数据库中。然后，他们让程序通过自己跟自己下棋进一步"学习"。因此，阿尔法围棋在下棋时就能通过经验来区分一步好棋和一步差棋。"这就是我们开发这个系统的方法，它下棋时更像人类一般思考。"哈萨比斯说。

研究人员开发了一个独立的"价值网络"。当输入棋盘情况让它分析时，它能够通过评估哪方更有可能最终赢得比赛来判断哪方更占优势。为了"训练"它，研究人员把阿尔法围棋跟自己玩的一盘棋给它分析。"价值网络"能提高阿尔法围棋的下棋速度，不像蒙特卡洛树搜索一步一步走到结束，阿尔法围棋可以预先算出后面几步的走法并使用评估网络来判断最终的结果。

尽管这样，阿尔法围棋为什么会有这么强劲的表现？在进行的复盘讲座当中，席尔瓦部分地复述和解释了2016年1月《自然》上发表的论文，讲述了人工智能的基本原理以及阿尔法围棋的技术框架。

对于人工智能来说，围棋游戏的难度在于，决策空间实在太大。决策（Decision Making）是人工智能的关键要素，使得机器能够在人类的世界中发挥作用。

在围棋以及任何游戏中，一次决策往往使得游戏更新到了一个新的局面，于是影响到了接下来的决策，一直到最终游戏的胜负。人工智能的关键就是在决策空间中搜索达到最大效益的路径，最终体现在当前决策中。

围棋棋盘上棋子可能的组合方式的数量就有10的170次方之多，超过宇宙原子总数。在近乎无穷的决策空间中，去暴力搜索出当前棋盘的下一步最优走子是绝对不可能的事情。

阿尔法围棋的方案是在这样的超级空间中，做到尽可能有效的路径选择。其思路是一个框架加两个模块：解决框架是蒙特卡洛树搜索，两个模块分别是策略网络和价值网络。

策略网络（Policy Network）根据当前棋盘状态决策下一步走子，是典型的人工智能决策问题。策略网络搭建的第一步，基于KGS围棋服务器上30万张业余选手对弈棋谱的监督学习，来判断当前棋盘人类最可能的下一走子是在哪里。

第二步，是利用监督学习得到的第一个策略网络去通过自我对弈来训练一个加强版的策略网络，学习方法是强化学习，自我对弈3000万局，从人类的走子策略中进一步提升。

遵循策略网络的判断，在蒙特卡洛树搜索框架下对每个棋盘状态的采样范围就大大减小，这是一个搜索宽度的减小，但是由于一盘围棋总手数可以多达250步以上，搜索的深度仍然带来无法处理的巨大计算量，而这就由第二个模块——价值网络来解决。

价值网络（Value Network）的功能是根据当前棋盘状态判断黑白子某一方的胜率，是一个人工智能预测问题。

处理预测问题的机器学习模型一般需要直接知道需要预测的真实目标是什么，比如预测第二天的天气，或者预测用户是否会一周内购买某个商品，这些历史数据都有直接的目标数据可供机器学习。而在围棋对局中，给定的一盘棋局完全可能在历史上就找不到哪次对弈出现过这样的局面，也就不能直接得到对弈最终的胜负结果。

阿尔法围棋的解决方法是使用强化学习得到的策略网络，以该棋局为起点进行大量自我对弈，并把最终的胜率记录下来作为价值网络学习的目标。

有了价值网络，蒙特卡洛树搜索也就不再需要一直采样到对弈的最后，而是在适当的搜索深度停下来，直接用价值网络估计当前胜率。这样就通过降低搜索的深度来大大减小了运算量。

作为人类棋手翘楚，33 岁的职业围棋九段高手李世石，过去 15 年获得了十几个世界冠军头衔，总共下了 1 万多盘围棋对弈，经过了 3 万多个小时训练，每秒可以搜索 10 个走子可能。

但是，作为人工智能科技进步的代表，吸收了近期机器学习人工智能的最新进展，建立起了全新的价值网络和策略网络，诞生只有两年时间的阿尔法围棋，差不多经历了 3 万小时的训练，每秒却可以搜索 10 万个走子可能。

除了蒙特卡洛树搜索和价值网络，阿尔法围棋的成功还有两个重要推动因素就是互联网的兴起以及极大数据集的可用性。由于现在采用的方法已经基本上变为是基于概率的方法，所以便需要有大量的数据集对系统进行训练，以完成监督学习。而现在的互联网环境让这种极大数据集的获得变得越来越方便和容易。这一刻，胜负已分。

更厉害的是，阿尔法围棋不仅志在下棋，作为一个有着"深度学习"功能的机器人，它的使命在于模仿人类的思维进行学习。也就是说，它今天可以学下棋，明天就可以学写歌。

阿尔法围棋的成功标志了一个重大的进步，艾伯塔大学的 Schaeffer 说，特别是当它使用了通用的、完全自动化的"深入学习"，不用为它专门编程，也不需要很大的计算量。"这不是挪动了一小步"，他说，"这是跨越了一大步。"

目前，深层神经网络和深度学习已经找到了应用领域，如模式识别、自动翻译、医疗诊断和智能手机助手。所以阿尔法围棋蕴含的科技概念可能已经开始服务于人类。

# 阿尔法围棋具有卓越的大局观

以大局观著称的棋圣聂卫平九段时常批评现在的年轻棋手不太会下棋，可面对这些"不太会下棋"的年轻棋手，聂棋圣往往也只能保持前50手的优势，最后败在比拼计算力的中盘复杂的战斗中。在人类棋手眼中，大局观虽然是着眼于全局的把控能力，但实际上能实现掌控的情况非常少，更多的只能说是一种感觉和行棋思路，很难被具体量化，更难被时时掌控。

经常看职业高手摆棋就会发现，他们在很多时候会有不一样的意见和判断，尤其是在布局和中盘阶段。同样的局面，有人觉得黑棋优势，有人觉得白棋优势。纷繁的定式，经历着日复一日、年复一年的演进，昨天的定式可能变成今天的反面教材。所谓的"正解"，对于局部的死活题的确存在。但是，在更加广阔的棋盘空间里，局面的好与坏、厚与薄、领先和落后连职业高手也很难判断。在研究棋的时候，往往是以那个棋力最高的人的判断为暂时的"正解"。

而阿尔法围棋在演算每一手棋以后的变化时，都会附之"价值网络"判断全局的优劣，从而选择胜率最高的下法，在这一点上，可以说当今棋手很难理解的大局观已经被阿尔法围棋量化，对其来说，大局观已不再只是一种感觉。

同理，"厚势"这种人类棋手只能大致判断其价值的所谓围棋"虚"的一部分，阿尔法围棋也可以通过以后进程的演算将其量化。由此，对于全局的掌控能力彻底超越了人类棋手。

人机大战的第五局进入收官战，虽然之前看上去李世石在几个局部都占

47

尽便宜，但棋圣聂卫平却判断执白的阿尔法围棋占据优势，几乎提前宣布胜利。"它现在的盘面优势非常好，李世石输了就是输在大局上。"

川籍职业棋手余平六段在自媒体上评论本次人机对弈第五局时说，带圈的白子，是"惊天动地"的一手，尽管别的职业高手认为这是步臭棋，但余平认为电脑学会了放弃蝇头小利，而掌控中腹大势，也就是说可能具备了棋圣聂卫平式的大局观，这才是电脑真正可怕的地方！

著名棋手常昊九段表示："这次阿尔法围棋的表现对我来说是出乎意料的。以前我的印象是，如果计算机赢人类，它的长处肯定是它的计算和不犯错，相对应量化的东西可能是它特别强的一个地方，但是在布局、大局上，很难量化的地方应该是职业棋手比较强的。但是这几盘棋有点颠覆我的看法，我没想到计算机对于布局、大局的掌控超出了我的想象，反而在一些复杂的计算方面出现了一些失误。"

围棋教练俞斌九段的想法和常昊一致，"我认为阿尔法围棋这5盘棋体现了它很好的判断以及控制大局能力，甚至围棋上有很多玄妙的东西，它也做得非常好。但是计算机的缺点如果不能解决，人就有机会。所以我一直说，这次李世石仓促应战，没有进行各种研究，也没有请教计算机方面的专家，是导致他失败的最大原因。"

作为国内计算机围棋最权威的专家，刘知青教授从技术层面上详细解读了阿尔法围棋的特点和核心技术。刘教授认为，"从人机大战的五局对垒，其实李世石某种程度上已经看到了阿尔法围棋的弱点，但是还是被全力地碾压了。阿尔法围棋具有优秀的能力，它完全是按照胜率最大的目标来落子，每一步棋都是经过冷静的思考，计算最大胜率的落子点然后落子。同时具有强大的总体把握能力，可以简明地把优势转化为胜势。当然它在某些局部定型上可能过于直截了当，可能得到了职业选手的一些批评，但是这些与它最终的目的是没有本质差别的，虽然局部并非最优，但是并不影响它最后胜利的结果。"

事实上，阿尔法围棋这次给高手一个严重的教训：接触作战的得失不是他们想象的那么大，布局、方向、全盘的均衡才是输赢的关键。

过去的思维都是建立在人一定会出错的前提下，"石佛"李昌镐九段之所以能独步天下，就是在于他总是有耐心等到并抓住对手的失误；而李世石九段依靠"僵尸流"摧城拔寨，则是善于主动制造对手失误，并敏锐地抓住战机从而赢得胜利。

阿尔法围棋的强大在于它的着法稳健而极少出错，而人类棋手则很少能自始至终不出一点差错，错进错出的对局在顶级棋手之间的对局甚至是传世名局中也比比皆是。当今的力量型围棋往往都是比拼谁的计算力更强大，出错更多或出错在最后的棋手往往会输掉比赛，但这类型的棋手在阿尔法围棋面前应该占不到便宜。而"强手"、"胜负手"之类过分的棋，人类棋手可能会因为计算得不够精确而让对手得逞甚至导致翻盘，但这种破坏全局均衡的过分之着在阿尔法围棋面前，几乎难有胜算。

樊麾二段对"阿尔法围棋"的厉害之处印象极深。他说："它抓我的错抓得特别准，只要一抓住我就跑不掉，而且只要我一犯错，棋局就进入它的轨道了，我就再也翻不了身了。后面每盘棋基本都是按照同样的步骤走下去的，但它没犯什么错。"

李世石九段对阿尔法围棋的第3局，面对打入中国流布局的白棋大跳，李世石强硬一靠，但这却是过分之着，此手一出，李世石就已输掉了比赛，以后的进程再也没有机会。

# 对职业棋手的启迪

回顾此前五场对战，李世石与人机对战，围棋界科技界都没有意料到这是一场机器完胜的比赛。在阿尔法围棋连续赢得三场比赛之后，人们才开始郑重对待这个从天而降的"围棋高手"。在前三局的比赛中，相当多的职业棋手至少认为在前两盘李世石有一些机会，但在谷歌公司赛后的复盘中，却认为自始至终完胜。看来除了棋手们对人类棋手的倾向性因素，阿尔法围棋所展示出的围棋理念值得围棋界进一步研究。

第一盘的胜负关键处是，阿尔法围棋执白棋第102手打入黑空，职业高手们普遍认为这是一招险招，看上去李世石对此也早有准备。事后看，棋局的进程却是李世石应对有误，进入到了阿尔法围棋的计算步调中。再下了几手棋之后，阿尔法围棋已经优势明显。

第二盘棋的开局不久，阿尔法围棋就下出了职业棋手们普遍认为不妥的一手棋——第 37 手五路肩冲。观战的多数职业高手认为这不太成立，超出了职业高手们正常的行棋逻辑。

随后的进程，这手棋的价值逐渐闪现，李世石又一次输得毫无脾气。

席尔瓦解释道："多数评论员都第一时间批评这一步棋，从来没有人在这样的情况下走出如此一着。在胜负已定之后，一些专业人士重新思考这一步，他们改口称自己很可能也会走这一着。"

而在阿尔法围棋看来，当时只是一步很正常的走子选择而已。

对于第一盘棋和第二盘棋，许多职业围棋选手以及媒体分析都认为，阿尔法围棋逆转取胜，但是在阿尔法围棋自身的价值网络所作的实时胜率分析看来，自己始终处于领先。在阿尔法围棋获胜的 4 盘中，阿尔法围棋系统自有的胜率评估始终都是领先李世石，从头到尾压制直到最终获胜。

第三盘和第五盘，阿尔法围棋都是在棋局刚开始不久，就已经取得了明显优势并持续提高胜率直到终局。与职业棋手根据经验所作的胜负判断不同，阿尔法围棋的自有胜率评估是基于一个价值模块，作出对棋局胜负的预计。

这两种判断截然不同。当第五盘右下角的争夺错综复杂时，阿尔法围棋选择脱先，转而落子在其他位置。不少职业棋手认为，阿尔法围棋在此犯错并落后了，但阿尔法围棋的选择却是依据全局最优估计而作出的。

以几局的成败论，阿尔法围棋的这种判断似乎更为准确。突破了职业棋手对围棋的传统的理解范畴，不再局限于棋手多年培养出来的围棋直觉和套路定式，会选择探索职业棋手正常不愿意考虑的招数。阿尔法围棋在人类棋谱学习的基础上，还进行了大量的自我对弈，从而研究出了一些人类从未涉及到的走法。

赛后，在李喆六段主持的"喆理围棋沙龙"上，职业棋手对阿尔法围棋所展示的围棋理念进行了探讨。

李喆六段介绍了人机大战中的几手棋。关于第二局 37 手的五路肩冲，棋手一开始都感到很意外。人下棋的思维也会有剪枝的过程，五路肩冲通常是被剪掉的选点。对这步棋的优劣虽然仍存在争议，但高手们能够理解这步棋，起码拓宽了我们的思路。

第四局左下 23 手碰角也很意外，棋手可能会认为是俗手，是亏损的劫材，在脑海里固化的经验会把它率先排除掉。但通过研究我们发现这步在这个全局的特定局面下是很可行的。阿尔法围棋的绝大部分着法都和职业高手的感觉差不多，但还有一些走法找到了棋手剪枝错过的有效信息。

刘星七段认为："我们在回顾关于第二局 37 手肩冲时，彭荃和孟泰龄的意见也相反，每个人都会有自己的看法。柯洁与朴廷桓最近的网棋开局也复盘了这局棋，但没有选择这步肩冲，最后输掉了比赛。阿尔法围棋有很多超出了我们想法的招，感觉电脑是基于迅速定型的想法，而职业棋手更习惯于保留变化，认为这样是一种艺术。"

李喆六段："确实，倾向于定型是阿尔法围棋算法导致的，因为定型对于它而言对方是有概率犯错的。阿尔法围棋在特定局面下的选点，能帮我们打开思路。尤其是布局上，阿尔法围棋的很多招不一定是最优解，但它下出的超出经验的棋能帮我们大幅进步。本身十九路围棋也不是仅有一个最优解，它的最优解是一个集合，很多局面下存在不只一个最优选点。"

邵炜刚九段："任何东西都是自身有感觉才会有共通的，比如肩冲那步，本是我们思索排除掉的，但机器并没有排除，就下出来了。"

李喆六段："去年我做 7 路盘最优解的近似穷举计算，不需要任何概念，我们也能够算出最优解。但在十九路棋盘，我们下棋用到了很多概念和道理。比如基本术语的抽象，比如轻重、缓急、厚薄、虚实等等二元概念的抽象，比如在此基础上对策略的抽象，典型如"围棋十诀"。围棋可以很好地训练这些思维方式，通过胜负和复盘来发现道理中正确和错误的地方，这是围棋中比最优解更高的价值所在。而电脑下棋则是在处理复杂的数学题，阿尔法围棋的招是大数据处理、归纳的结果，而我们则是用道理的方式来接收理解，并且用了很多演绎的方法。这些理解的方式可以在围棋之外的很多场合都能用到，这种道理的普遍性是人类思维方式的优越所在，也是我们之所以能说"棋如人生"的原因所在。把人类思维的尊严寄托在单纯计算的效用上，才会

误认为这次人机对弈是人类思维被机器击败，并且不能接受，产生抵触情绪。阿尔法围棋本身具有很强的工具属性，它接收和反馈数据，帮助我们提升棋力以接近围棋真理，又能在认知论和方法论上提供重要帮助。"

世界冠军时越九段则认为电脑程序的发展对于棋手来说是一个突破的机会，他说："我想电脑程序发展起来了，也对我们棋手来说是个突破的机会，或许可以借助电脑，来摸清一些围棋本质上的东西。如果这个程序达到了世界顶尖水平，而且已经平民化了，那么我肯定会每天都会换着招和程序下的。其实说白了人类发明的东西都是工具，工具自然要用，用了才知道顺不顺手，以及带来的利弊。"

# 阿尔法围棋是否还有弱点

李世石九段在人机大战的第四盘获胜，但从棋局的内容上并不能令人满意，被称为"神之一手"的第78手也并不是无懈可击，但阿尔法围棋似乎被击中了软肋，随后的几手棋一反常态，变得十分低级，这说明阿尔法围棋也还存在一些未知的弱点。

在先前对阿尔法围棋弱点的推测中，阿尔法围棋能否"打劫"是最大的悬疑，其次是模仿棋会不会对它具有考验？但是，实战中出现的漏洞并不是所谓的模仿棋、打劫等等。它的漏洞体现在李世石赢得比赛的第四盘棋，阿尔法围棋取得巨大进步的价值模块出现了瑕疵，这也是阿尔法围棋在5局棋中唯一的一次漏洞，也是唯一的一盘失利。

在第四盘棋中，开局之后很快就几陷绝境中的李世石，弈出了被来自中国的世界冠军古力称为"神之一手"的白78手，凌空一挖。坚韧如山的对手突然倒下，阿尔法围棋变得不知所措，连续出现低级昏招，这也成就了阿尔法围棋有记载的公开的第一局失利。

对于阿尔法围棋的异常表现，各路观战的职业高手充满了猜测。即使是观赛的哈萨比斯和席尔瓦也都不知道究竟发生了什么。

事后的分析显示，在李世石下出第78手之前，阿尔法围棋自有的胜率评估一直认为自己领先，评估的胜率高达70%。在第78手之后，阿尔法围棋评估的胜率急转直下，被李世石遥遥领先，之后再也没有缩短差距。

为什么阿尔法围棋面对李世石的第78手表现如此差，是因为它没有想到李世石的这手棋吗？

席尔瓦揭晓了这一秘密。阿尔法围棋的计算体系中，的确曾经评估过这手棋，只是在阿尔法围棋的评估中，李世石走那一子的概率大概是万分之一，最终，它没有想到李世石会这样走，也就没有计算李世石这样走之后如何应对。

赛后，获胜的李世石则说，这一手在他看来是唯一的选择。

阿尔法围棋背后的蒙特卡洛树搜索依赖的策略网络，是根据人类对弈棋谱数据训练出来的模型，它很难去预测白78手这样的所谓手筋妙招，也就很难判断基于这一步继续往下搜索之后的胜负状态。

卡耐基梅隆大学机器人系博士，脸谱"黑暗森林"负责人田渊栋："估值网络是通过自我对局来训练，为防止过拟合，每一局只取一个局面，这样需要大量数据，可能为了需要非常快的对局速度，棋局质量就会下降。不用蒙特卡洛搜索树，只是用走子网络来快速对局，一两分钟就可下完一盘。谷歌说积累了3千万盘，根据这样的速度，再乘以10倍也是没问题的。人机大战第四局阿尔法围棋出现失误，或许也和快速走子网络有关。理论上可以填补电脑计算上的漏洞，但用时会大幅增加。所以在目前这样框架下的电脑系统，大局观非常强，但局部作战计算就相对差一点。而且电脑可能会在开局时觉得局部亏了也无所谓。由于架构不同，所需的计算资源也会不同。阿尔法围棋单机版已经很强，但如果增加计算资源，也会变得更强。如面对第四局78挖一手，脸谱内部测试是排序在第31位的选点，而古力推荐的靠是第10位选点。阿尔法围棋那几手用时和其他步数一样，可能设计的价值网络权重出了问题。"

这就是阿尔法围棋在这5盘对局中表现出的唯一破绽，也是目前人类智慧还领先于阿尔法围棋背后的大数据驱动的通用人工智能的地方。

不过，真要在实战中下出出乎阿尔法围棋意外的"妙手"机会并不多，

李喆六段对此解释说："关于第四局李世石78'神之一手'，虽然对于职业棋手而言可能并不能奏效，但却击中了阿尔法围棋的弱点。这步棋起码满足了两个条件：一是下出了阿尔法围棋认为万分之一可能性的落点，二是增加了有效变化与复杂度，这两点满足一点很容易，但同时满足已经非常困难，而且这步还蕴涵了打劫的变化。李世石这一步不愧被称为'神之一手'，在对人的时候或许还算不上，但对阿尔法围棋时这是体现人类灵性的一手，导致电脑出现了失误。阿尔法围棋本质上是一个工具，对棋手来说可以提供一些新的认识。"

由于阿尔法围棋拥有计算和大局观的优势，人类棋手虽然还可以利用阿尔法围棋的弱点和超强的稳定性（不出漏洞）或超常发挥来战胜阿尔法围棋，但判断总体胜率已极低。

聂卫平说："李世石的布局不是差，而是太差。"在他看来，电脑中盘实力太强，只有"在布局取得领先，才有可能取胜。"

刘知青对此解释说："职业棋手面对围棋海量的搜索变化，选择是通过直觉和计算相配合。阿尔法围棋是通过深度神经网络的学习，训练的强度远远超过个人的训练量，获得了两种棋感直觉，并进行验证。一种是走子网络来获得落子棋感，另一种是评估网络来获得胜负棋感。用蒙特卡洛搜索来模拟采样，进行胜负棋感验证。用最大信心上限搜索来验证落子棋感。搜索结果一般会是双方最佳的落子序列。也就是说，阿尔法围棋会考虑后续28手数的选点，如果想打败它，就要策划一个更复杂的变化。"

因为阿尔法围棋的计算源于价值网络和搜索，所以表现在棋上，它在局面不复杂的时候，控制局面能力超过了人类棋手。但是阿尔法围棋有一个硬伤，就是它并不是一种穷举算法。从公开的资料看，机器大部分深度不超过28步，超过了机器就无法判断了，它只能靠经验到那里判断哪种局面好。那么当局面错综复杂，可选点很多的时候，计算量对于阿尔法围棋而言非常的大。它只能通过随机的走法搭配上价值网络来判定它算到的走法胜率有多少，而因为无法穷举变化，所以在局面复杂的时候漏掉正解图的可能性增大，所以此时它下出坏棋的概率比局面相对简单时要高。

阿尔法围棋为了减少搜索量和计算量，会人为限制一个计算深度，不管是专家披露的 28 步和媒体猜测的 20 步，它计算的深度终究也是有限的。而人类顶尖棋手只要能意识到程序的特点，计算 50 步或 100 步都能做到，由此自然能大大提高人类棋手的胜率。不过，这也只是一个权宜的方法，电脑的长处就在于计算，今天它算 28 步，它也随时可以提高到 100 步，以增加人类棋手计算的深度来与阿尔法围棋抗衡，只是一种理论上的途径。何况，人类的长处不是在于这样去硬算，而是在于善于找到方法去代替人类这样做。圆周率小数点后面的 n 位数依人类的智力并不是算不到，而是认为不用算或者让电脑去算，这才是智慧！

此外，专家们还判断如果人机对弈双方用时都加长，对电脑会更有利，棋手长考多了效率会降低，所谓"长考出臭棋"，电脑则时间越多越强。因此，如果是快棋赛，阿尔法围棋的优势将没有慢棋那么大。毕竟，0∶5 败给阿尔法围棋的樊麾二段在非正式的快棋赛上也曾取得过 2 胜 3 负的成绩。

在减少人类棋手失误的方面，职业界普遍认为如果组团出战，胜率会更高一点。不过，现在看来胜负关键还是在于能否击中阿尔法围棋的弱点。

# 阿尔法围棋是否还会给职业棋手机会

阿尔法围棋虽然战胜了李世石，李世石赛后表示：自己的失败并不是人类的失败。在职业围棋界虽然普遍对阿尔法围棋折服，但还尚未到一致认为阿尔法围棋已不可战胜的地步。排名世界第一的柯洁九段虽然在看了阿尔法围棋的表现后调低了自己的估计的胜率，但依然认为自己战胜阿尔法围棋的可能性超过五成。

中国围棋队总教练俞斌九段则认为，李世石失败的原因是仓促应战。他说："我一直说，这次李世石仓促应战，没有进行各种研究，也没有请教计算机的专家就这么仓促应战，是导致他失败的最大原因。看了这 5 盘棋以后再下可能就不一样，所以现在我们人类的职业棋手都很想去挑战它，尤其是看了这 5 盘棋以后。"

中国围棋协会主席王汝南八段赛前就极为担心李世石轻敌，曾亲自提醒李世石要重视阿尔法围棋。但对李世石九段来说，备战却无法进行，仅有的资料是媒体关于阿尔法围棋技术上的报道和对樊麾二段的 5 局棋谱。以前每次重要比赛前，李世石九段都会每天针对对手进行两个小时以上的备战，但对突然冒出来的阿尔法围棋，却无从下手备战。这也是李世石在人机大战中的几盘棋发挥不佳的重要原因，因此他本人也表示想与阿尔法围棋再次决战。

然而，从阿尔法围棋已战胜李世石所获得宣传效果来说，阿尔法围棋的目标已经达到，它会继续与人类棋手纠缠？会给人类棋手战胜阿尔法围棋的机会吗？

有人以为，这次阿尔法围棋赢了，但毕竟没有 5 局全胜，这说明人类还是有希望反扑的。然而，无论是阿尔法围棋横扫李世石，还是互有输赢，其间并没有什么特别的不同，因为只要阿尔法围棋能胜李世石一盘，即说明人类在 AI 这一领域的技术取得了长足进步，假如阿尔法围棋这次全败，但电脑战胜人类棋手也是早几天迟几天的事，没有多少实质性差别。从长远来看，机器必胜。

从技术上讲，阿尔法围棋可以说达到了目前人类 AI 研究的一大高度。它有了"深度学习"的能力，能在围棋这种拥有"3 的 361 次方"种局面的超高难度比赛中获胜，突破了传统的程序，搭建了两套模仿人类思维方式的深度神经网络。加上高效的搜索算法和巨大的数据库，它让计算机程序学习人类棋手的下法，挑选出比较有胜率的棋谱，抛弃明显的差棋，使总运算量维持在可以控制的范围内。此外，高手一年下一千盘棋了不得了，阿尔法围棋每天能下三百万盘棋，通过大量的操练，它抛弃可能失败的方案，精中选精，这就是所谓的"深度学习"——通过大量样本棋局对弈，它能不断从中挑选最优的对弈方案并保存下来供临场搜索比较。

更要命的是，阿尔法围棋与人相比的最大缺憾，恰好是它对弈时的最大优势。它没有感官系统、没有主体内可体验内容、没有主观意向、没有情绪涌动。缺了这些，它在解决完全信息情况下的博弈问题超级强大。

围棋对棋手来说是荣辱，是喜悲，是谋略，是奋战，是灵动，是胜负，是艺术；而对阿尔法围棋来说，下棋只是一次次估值和结点展开而已。没什么情绪波动，也不在乎任何一个局部，只要随着比赛进行，保证每一步展开后的胜率估值越来越接近100%，然后等待对手投降或者行棋至结束比赛而已。

从谷歌研发阿尔法围棋的初衷来讲，也只是借此项目来标志人工智能的发展程度，更大的运用将会是在其他领域，因此，棋界也不必过于纠结于人类棋手与机器的胜负，因为技术的发展，这一天终究会到来。

1770年至1825年，一个叫巴龙·冯·肯佩伦的人带着自行研制出的自动博弈机"土耳其人"，游遍欧洲皇室。1809年，拿破仑亲自与"土耳其人"对弈，以失败告终，这对他的打击很大，因为他并不习惯失败。但"土耳其人"没再给拿破仑机会，以致拿破仑最终也没搞清楚，这部机器究竟是如何击败自己的。

1996年，卡斯帕罗夫与电脑"深蓝"展开交锋，结果卡斯帕罗夫以4比2宣告胜利。经过研制方IBM一年多的改进，到了1997年，"深蓝"有了更深的功力，因此又被称为"更深的蓝"，这一次卡斯帕罗夫在6局较量中败下阵来。

这场前无古人的人机大战给不仅是棋界，包括整个人类都造成了深远影响。而之于卡斯帕罗夫，世界上最聪明的人，一直对这次对抗念念不忘，一如1809年的拿破仑。

而关于这次比赛留下的争议更是一直不绝于耳。首先，卡斯帕罗夫本人，包括整个国际象棋界都认为，"更深的蓝"有几步棋完全不像电脑的风格，卡斯帕罗夫甚至表示，怀疑电脑行棋中有人为干涉因素。实际上，还有很多其他争议。在决胜局中，卡斯帕罗夫崩溃了，他完全没有发挥出自己的正常水平就输掉了比赛。而IBM方面还表示并不打算继续比赛，这也引起了极大的争议。因为卡斯帕罗夫在1996年击败"深蓝"的时候，他当即同意给电脑复仇的机会。但随后，由于卡斯帕罗夫失去了他在人类与计算机之中最强棋手的地位，也失去了和深蓝再度交手的机会。深蓝在1998年战胜阿南德、2002年战胜克拉姆尼克之后，被IBM宣布封存。

于是，电脑战胜人类国际象棋世界冠军俨然成为无法改变的局面。

因此，阿尔法围棋肯定会在合适的时机被宣布封存，但由于它与人类顶

级棋手交锋的次数还不够多，人类棋手依然还存在着同阿尔法围棋再度交锋的机会。

而阿尔法围棋的下一个对手，则极有可能是柯洁九段。

众所周知，2013 年谷歌公司退出中国市场，退出中国市场的谷歌母公司 ALPHABET 虽然目前股票市值超过苹果，成为全球最值钱的公司，但谷歌并未放弃在适当机会回归中国市场的步伐。所以，阿尔法围棋如果选择和柯洁对战，虽然不一定会伴随着谷歌的回归，但至少能为谷歌回归中国做足舆论准备。

2016 年 3 月 31 日，媒体报道了谷歌 CEO 桑达尔·皮查伊、著名围棋职业九段棋手聂卫平、中国职业围棋九段棋手柯洁、中国职业围棋九段棋手古力等集体现身北京南三环中路的聂卫平围棋道场。

虽然没有披露桑达尔·皮查伊拜访聂卫平道场的原因，但其指向性已非常明确。

# 阿尔法围棋不会成为围棋之神

从 2015 年 10 月战胜樊麾二段，到 2016 年 3 月对阵李世石九段，半年时间当中，阿尔法围棋究竟有哪些方面的提升？席尔瓦回答说："我们在系统的每一个模型上尽可能推进效果极致，尤其在价值网络上获得了很大的提升。训练价值网络的目标胜率除了通过自我对弈的结果外，我们还使用了搜索策略去尽可能逼近理论的胜率。"

直观地说，3 月版本的阿尔法围棋比半年前的水平大概是让 4 子。

在战胜李世石之后，中国、韩国、日本许多的职业棋手，包括李世石本人都希望能够再与阿尔法围棋一战。

赛后，阿尔法围棋被韩国棋院授予"名誉九段"的称号，按照等级分排名，阿尔法围棋仅次于中国的世界冠军柯洁，排名世界第二。但据席尔瓦最近的透露，阿尔法围棋的最新版本自我估分在 4500 左右，远远超出现在 3600

多的柯洁，实力水平大约在13段，人类选手中已然无敌！

阿尔法围棋如此迅速的学习能力，让棋界不禁有些阿尔法围棋是否将成为"围棋之神"的舆论。

已故的围棋大师，日本名誉棋圣藤泽秀行九段曾有一句名言：棋道一百，我只知七。外界认为这或许是藤泽九段的自谦之词，但对于那些真正喜欢围棋的人而言，都知道这是对围棋未知领域的敬畏，"阿尔法围棋"的问世只是打开了窥探围棋奥秘的一个更大的窗口。

"人机大战"的5盘对决，中国围棋队的研究室里棋手们也在摆棋研究。前两盘，"阿尔法围棋"的一些招法就已经让棋手们感到"不可思议"。棋手李喆六段表示，很多招法感觉"不是棋"，可是摆一摆之后却不能立即证明那真的就是"坏棋"。更多的棋手则坦承，围棋的千变万化即使是职业高手们也无法算清，很多时候只是凭借经验判断哪些棋有可能下，哪些棋不予考虑。然而，那些"不予考虑"的棋中往往隐藏着妙手。

丁波五段说："阿尔法围棋的一些招数彻底颠覆了我们职业棋手的思维，我甚至怀疑目前的棋手都没办法理解它下的棋。人类学棋的时候都会被灌输一些固定规律，比如金角银边草肚皮（意思是将棋子下在棋盘角部发挥的效率最高，边则次之，中腹效率最低），阿尔法围棋则根本不遵循这些。或许有一天，电脑围棋会从根本上颠覆人类围棋的认知，打开一扇我们从未曾打开的门。从这个意义上说，电脑击败人类，对围棋而言并不是坏事。"

围棋问题与现实生活中的问题是相通的，国人甚至将"博弈"围棋视为洞悉人性、感悟人生的过程。然而，现在下围棋的却是一个机器，意味着这个机器除拥有超强的记忆能力、逻辑思维能力，还要拥有创造力甚至个性。

国手们普遍认可阿尔法围棋具有一定的创造力。"感觉就像一个有血有肉的人在下棋一样，该弃的地方也会弃，该退出的地方也会退出，非常均衡的一个棋风，真是看不出出自程序之手。"柯洁说，阿尔法围棋有好几次落子极其"非常规"，许多专业棋手都表示"看不懂"。而聂卫平九段甚至表示自己想要对阿尔法围棋的"惊人一手"脱帽致敬，因为它"用不可思议的下法开辟了围棋常识之外的新天地"。也就是说，这不是阿尔法围棋从既往棋局中"复制"过来的，而是自己"创造"的战术打法。

这恰恰是采用了蒙特卡洛树搜索和深度学习技术的"阿尔法围棋"的长处。通过庞大的计算量和超快的计算速度，它下出的每一步并不执拗于局部的优势，而在于全局的胜率。这种招法在一些棋手看来并"不合常规"，但它往往是职业围棋产生新空间的渊薮。

现在有这样一种观点：两台阿尔法围棋对弈，其水平一定会非常高，可能将会出现人类棋手完全无法理解的棋谱，而结果一定会是和棋，但其实和棋的概率非常低。

熟悉围棋的朋友应该知道，围棋中黑棋贴目是 $3\frac{3}{4}$ 子（韩日规则是贴6目半），所以在对弈结束后，黑白双方的目数肯定是不相等的。除了出现"三劫循环"、"四劫循环"这样少见的无胜负局之外，根本就没有和棋一说。而阿尔法围棋进行对弈是基于算法完成的，而基于概率论的算法随机性太强，所以基本都能分出胜负。

然而，尽管阿尔法围棋的一些着法超过了目前职业棋手的经验范围，但它集合的是人类已有的围棋财富。人类习惯于有效率性的学习，会在经验的引领下自动屏蔽被认为不好的下法，职业围棋界不乏某一沉寂已久的下法重新流行的现象，都因其对旧有下法有新的创造性的发现。但人的记忆能力毕竟不如电脑，阿尔法围棋可以在人类已有的围棋财富中选择下一手，并通过价值网络判定胜率最大的一手，理论上自然会对人类棋手保持压倒性的胜负优势。

因此，世界冠军陈耀烨九段说："围棋是博大精深的。就算多年后机器征服了所有的职业棋手，但它距离理论上的'围棋之神'还会有差距。"

怎么定义"围棋之神"？陈耀烨的回答是："如果真的有'围棋之神'，它就代表了一种最佳的下法。就"阿尔法围棋"而言，它还称不上最佳，它只是算出了一个概率。"

李喆六段也对阿尔法围棋的创造力也持怀疑态度："人机对弈之前，我们认为创造力是人独有的，机器没有。但阿尔法围棋的几步棋，让我们惊叹它的'创造力'。棋盘上的创造力就是下出超出经验却有效的棋，这是吴清源大师最擅长的领域。当然，阿尔法围棋的'创造力'只是数据处理的结果，'创造力'只是我们人类的理解方式，AI 本身是与创造力无关的。类似的 AI 作诗，如果我们不知道作者是机器，也可能从诗中读出情感，产生与作者的精神共通。作品的情感和价值究竟是作者还是读者赋予的呢？这在美学上同样是值得反思的，其本质是认识论的问题。"

能证明阿尔法围棋利用概率来下棋的事实是阿尔法围棋倾向于快速定型、在收官阶段没有打劫或读秒的情况下"打将"、第四局劣势下的那些低级下法等等。

第5局右下阿尔法围棋被吃"大头鬼"，一个棋力稍高的业余棋手都会选择保留变化、保留劫材，但阿尔法围棋最初给人的感觉是似乎出现了误算，但实际上它这样下都是想快速定型。阿尔法围棋早早地就跟你做定型交换的时候，实际上就起到了缩小棋盘的作用，缩小了计算的复杂程度。这种情况下棋盘上可选择的"高胜率点"其实跟局面混乱打散的时候比，要少得多，那么阿尔法围棋选择的着点就会离"最优解"较接近。

由此我们就可以理解阿尔法围棋第二盘凌空肩冲五路，第四盘单靠无忧角这种超越职业棋手经验的棋来了。这些"神着"的出发点就是想定型。因为根据它的价值判断，你的地还是你的，我的棋下出后不论你怎么应，在双方全盘不会形成实空差距的前提下，以后的应对会演变为一种缩小了棋盘的局势。当棋盘继续被它这么缩小到一定程度的时候，人的棋就开始慢慢开始跟不上它的计算力了，因为它的这种计算注定了它对厚薄、外势这类虚的东西比人的判断要精准。

第四局劣势下的那些低级下法也是阿尔法围棋的算法在劣势下的一种选择。在人类低级别的棋手中，看不到"打将"而不应的情况下非常多，而在一流职业棋手的对弈中，也偶尔有这种情况，但更多的却是打劫转换而出现对必然应对的棋不应的情况。在阿尔法围棋学习的棋谱中，这必然也形成了一个较低的概率，蒙特卡洛算法使它会认为虽然对方大概率会跟着应，却总还有不应的可能，即使对方应了，也只是亏一点点，这点亏损去博对方不应的概率很划算。这也是我们经常看到阿尔法围棋在没读秒时会选择"打将"的主要原因。当然，人类的逻辑告诉我们这是必然会应的，"侥幸心理"没有意义，但阿尔法围棋因为选择概率，在形势不利的情况下也就有可能会下出这些低级着手。

在李世石和阿尔法围棋大战之前，江铸久九段就曾判断：阿尔法围棋可能有"遇强则强、遇弱则弱"的特点，以阿尔法围棋与樊麾的棋谱去判断阿尔法围棋的水平可能会出现偏差。因为阿尔法围棋的价值判断网络是通过全局判断以胜率为决策依据，这就决定了局部最佳并不会一定成为它的第一选择点。因此任何可能导致棋局形势复杂的着法都会被它尽量避开，这一点最直接的体现就是在人类眼里看来波澜壮阔、观之令人荡气回肠的劫争在它的对局中极少出现，虽然它并不是像之前某些人猜测的那样不会打劫。

对此，樊麾二段认识比较深刻，令他惊讶的是，阿尔法围棋有时明明看出了他的失误，却故意放过。"在第三盘棋中，有一块棋我是死棋，它很简单就能吃我，却没有吃，让我活了。"樊麾说，"如果当时它吃我会有一点点风险，棋局会变得更加复杂，但它不吃我，它就会很轻松地赢下这盘棋。最终它选择了一种更稳妥的策略，选择了轻松获胜。"

所以，在阿尔法围棋的围棋世界里，胜率是它唯一的终极追求，但对围棋来讲，它的出现虽然可以极大地促进围棋技战术的发展，但它无法成为"围棋之神"！

# 人机大战结果扩大了围棋的影响力

阿尔法围棋战胜李世石九段之后，围棋界普遍担心围棋运动会受到冲击。因为在此之前中国象棋已有先例，中国象棋软件的出现，象棋国手们已经下不过软件，特级大师陶汉明就曾炮轰个别棋手在大赛上使用软件作弊，使无数花费许多心血学成的国手们感到绝望。陶大师本人也曾表示不想再下棋了。

围棋界的担心并非没有道理，当你的对手变成了永远干不过的电脑，你对下棋的兴趣就会被摧毁。对于职业棋手来讲，成为职业棋手的必要性会动摇；对于围棋教师来讲，电脑的胜利可能会影响家长对于孩子是否还学棋的选择。实际上，这些冲击肯定会有，但人机大战对于世界围棋界的推动，却是利大于弊。

一直坚信"'阿尔法围棋'赢不了我"的柯洁九段在人机大战期间成为了"网红",这位拥有 3 个世界冠军头衔的中国小将其微博粉丝数从几万猛涨到几十万,从一个侧面说明了此次对决对于围棋推广的巨大意义。除去上世纪 80 年代聂卫平创造"聂旋风"时代,围棋还从未像这次这样成为全民热议的对象。

对于人机大战,聂卫平十分开明,坦言对世界围棋的发展意义重大。"中国国内的爱好者可能会成倍地增加,世界范围内大家也关注围棋,人机大战对围棋的发展有非常大的意义。"

20 多年过去,计算机发展的速度让聂卫平感叹不已。"现在计算机的发展水平太快,全世界下围棋的人可能不多,但现在关注的人很多。"

更重要的是,围棋这项古老的东方智慧竞技游戏迎来了传播到全世界的契机。根据谷歌公司的统计,第一场人机大战就吸引了 6000 万人同时观看,这个数字远远超越了当年的卡斯帕罗夫与电脑"深蓝"的人机对决。特别是在曾经围棋普及缓慢的欧美,人机大战的热潮也让当地人对来自东方的黑白棋产生了浓厚兴趣。整个欧洲国家,基本上每家的官网,当月的访问量都是前一个月的 10 倍。这对围棋运动的推广来说绝对是一件好事。

正如韩国棋院院长洪锡炫在赛后所说:"这次比赛估计将让欧美的围棋普及度增加 5 倍。"

对于职业棋手来说,阿尔法围棋的出现对他们来说也是利大于弊。王汝南八段表示:"面对这样的结局,如果仅仅从竞技角度讲,职业棋手肯定会有很强的挫折感。毕竟从去年它对阵樊麾时表现出来的水平,到这次以压倒性优势这么快地战胜李世石,仅仅用了几个月的功夫,职业棋手一定有挫折感。但是围棋不仅仅是竞技,从发明到现在,围棋除了竞技,还表现出了丰富的社会功能、文化功能和教育功能,这都是世界范围内的共识。而且人与人的交流以及人与机器的交流是两个完全不同的概念,智能机器一天能下几十万到上百万盘对局,如此丰富的对局体验是人没法比的。"

对于未来人机对抗的走势,王汝南八段认为,单个的人类个体肯定是斗不过人工智能的。"毕竟它有非常大的后台支持,据说这次它下一盘棋仅仅是电费就要耗费几千美金。当然面对这样的现实,我们也不必太悲观。首先,

这次赛事活动让更多的人知道了围棋，引导更多的人开始关注围棋，这对围棋的推广来说就是一件好事。其次，未来职业棋手也可以利用智能围棋软件进行辅助训练，提高我们的竞技水平。"

樊麾二段则在回答记者的提问时表示不会有影响："我觉得现在人类对围棋的理解不超过10%，咱们自己都不了解什么是围棋。围棋是一个典型的东方的东西，最简单，但是最有力量。如果人工智能能帮助我们更好地理解围棋，我不觉得是一种威胁。"

陈丹淮将军是陈毅元帅之子。陈毅是新中国围棋事业的奠基人，陈丹淮从小耳濡目染，也非常喜欢下围棋。陈丹淮很长一段时间在总装备部科技部工作，1992年7月晋升为少将军衔。对于本次人机大战，陈将军的一段感悟发人深省："中国顶尖棋手纷纷表示难以接受，还有一些好事之人旁敲侧击。其实这都挡不住人类在科学技术领域中的进步。一、棋手并不是和计算机比赛，他们只是在对计算机进行测试，看计算机的智能水平达到了什么高度。李和樊都是参与研究开发团队的一员。不是比赛是开发，比赛只是商业炒作。二、人是比不过人类的创造，现在还有谁会去用腿挑战汽车的速度，那为什么要挑战人工智能的算法？三、棋界人士要清醒，阿尔法是人工智能领域不是围棋领域，与棋手没有任何关系，何须挂念。将来它可以成为棋手的训练工具，得阿尔法得天下。四、不要把GO翻译成狗，这不是对阿尔法的泄愤，而且对围棋和棋界人士的大不敬。"

对于围棋教师来说，人机大战期间的宣传使"围棋是人类智慧的明珠"已深入人心，位于智慧之巅的围棋自然会使更多的家长重视小孩的围棋学习。

围棋，是我国流传下来的一种文化，学围棋对于智力的开发是很有好处的。围棋作为一种文体运动，不仅能锻炼孩子的智力，对孩子学习过程中的非智力因素也有着重要影响。现在电脑程序虽然已经可以战胜人类最顶级的棋手，但电脑的智力水平并不能代表我们孩子的智力水平。归纳起来，小孩学习围棋有以下几个作用：

**1. 集中注意力**

下一盘棋，往往要静坐一两个小时，为驾驭一盘棋少失子，幼儿必须长时间集中精力，否则就赢不了对方，而注意力能否集中，是一个人学习、做事高效率的先决条件。

### 2. 拓宽注意广度

注意的广度也叫注意的范围。儿童年龄越小，注意的广度越差。下棋能训练幼儿提高注意的广度。"千古无同局"道出了围棋创新的真谛。每下一局棋，都需要孩子展开想象的翅膀。每走动一个棋子前幼儿都要看到棋子的落点，周围几步棋是否会被对方"吃"掉。

当要"吃"对方的棋子时，他要注意到利害得失，当被"吃"时，他要注意调整自己的子力。下棋时每走一步，都不仅要考虑每一个点、每一条战线发生或将要发生的"战况"，还要考虑全局，一步出错就会招来满盘皆输的后果。实践证明，学棋孩子的创新能力、独立解决问题的能力和思维能力都比较强。

### 3. 锻练意志力

学习围棋能使幼儿意志更加坚强，面对困难更加勇敢。幼儿都爱竞争，他们都喜欢争第一。要想成功，必须脚踏实地有条不紊地学习，把想象力、控制力发挥到最佳境界。还要正确估计自己和对手，正确认识双方的力量和存在的问题。

过高估计对方的实力，会使自己胆怯。低估对方会被杀得片甲不留。胆小者需要提高自信，自大者需要谨慎行事。

现在的幼儿需要经历一些失败，锻炼坚强的意志，而围棋就是一个很好的磨练器。要敢于面对成功与失败，要具备良好的意志力，无论遇到什么样的困难，都要泰然处之，持之以恒，这样才能达到预期的目的。

### 4. 学会做人

下棋能培养孩子脚踏实地、深思熟虑、正确估计自己和对待别人的习惯，严格的棋规能帮助孩子形成落子无悔、遵守规范的棋风。为了围更多的地盘，必须要有很多棋子的配合，有时又必须要舍小取大。

围棋不是一个点或一条线上的活动，而是在一个面上下棋。所以下棋者不能把每个棋子孤立起来，而是要把盘面上所有棋子联系起来思考问题，不但要考虑到单个棋子的得失，还要考虑到全局的得失。

下棋与做人同理，现在不少幼儿是独生子女，或多或少都会有自我中心

的倾向，参与集体活动时往往习惯从自己的角度出发考虑问题，而不顾全局的利害关系。幼儿在多年的围棋学习、比拼中可以悟出这个道理，懂得团结互助、建立良好的人际关系。

对于普通的围棋棋迷来说，围棋的意义和魅力并不在于输赢，而在于手谈。茶香袅绕，围枰对坐，在棋盘上演绎金戈铁马，演绎人生的进退之道。邵炜刚九段就表示："阿尔法围棋只是超越了围棋的竞技属性，但围棋还有很多其他属性。比如老友之间手谈一局，就比和电脑下棋愉快很多。"

可以想见，在未来阿尔法围棋或其他对弈软件将成为高水平棋手在网络平台上的好对手甚至好老师。而对大部分围棋爱好者来说，这项东方古老的智力运动将回归它的初始状态，成为人类智慧博弈的战场，修身养性、陶冶情操的雅好。彼时的围棋，通过这样一场荡气回肠、吸引全球眼球的人机大战，势必将拥有更多的爱好者。

# 期待围棋艺术大师

在人机大战之前，关于围棋我有两个怪论，但一直不忍心在围棋圈内公开述说，因为出于对围棋的热爱，更出于对围棋高手的尊重，导致我自己对这两个怪论也不是那么坚定。

在今天，当人机大战的硝烟已经渐渐散去，当我们一起望着李世石九段疲惫离去的背影，当我们一起面对令人不敢相信的结果，悲壮中的我似乎多了一些坚定与勇气，感觉这两个怪论现在抛出，不但容易为围棋圈内人士接受一些，更似乎略带一些责任感。

现在我们来坦然面对怪论一：一个项目，一个十几到二十岁的孩子就能站在该项目的顶峰，这是一个什么项目？或者说该项目处于一个什么阶段？

这项目是艺术体操？还是某项竞技体育呢？当然纯竞技体育我们也没有资格来贬低。

但如果把围棋说成是纯竞技体育，我想大多围棋业内人士会感觉少了点什么吧？其实我更想说：如果围棋只是纯竞技、毫无艺术可言，被电脑打败也就不用举界惊奇了！与其说电脑发展的速度撞了我们围棋界的腰，不如说我们对围棋的认知水平还属于一个不太高的阶段，至少不像我们人类自我想象的那种高度。

好吧，也许你还没完全回过神来，请允许我再抛出怪论二：你若想引导一个人学围棋，一定不要说围棋是最复杂的棋类，或计算机都不能穷尽它的变化等等。如果围棋只是由一个个局部战斗堆砌而成，它并不比象棋复杂。

围棋最大的魅力并不是所谓的什么复杂、变化多，你棋盘比象棋大，变化会比人家少么？就本人经历而言，先学象棋，后接触的围棋。最终还是被围棋所深深地吸引，为何？因为围棋具有独特的、带一些抽象性的艺术气质。请原谅我拙劣的文字无法准确地表达对围棋艺术的赞美，这一类的文章有无数人远比我写得好。

但请允许我换一种说法：如果我们只会下局部的围棋，下完一个角再去另一个角，然后去某一条边，再另一条边，然后再去中腹，最后是收完官子，如此堆砌，不就是一盘盘象棋么？对已经攻克象棋的电脑会难么？

如果我们只是棋谱的打印机，而不是一个艺术家在创造着什么？……

如果我们只是模仿一些流行下法，在下着每一盘棋……

我想每个人大概都能猜出我想说什么了，现在每年众多的棋谱，虽偶有佳作，但更多的像是机器生产出来的，而不是由画家或艺术家们创作出来的。虽然谈及当今各国高手，我总是先想到"高山仰止"这四个字，但阿尔法围棋的到来，无疑让我们都清醒了一下，我们整个围棋界要努力的地方还太多太多。

记得当年看艺术体操，中国的小姑娘们动作干净利落，确实是令人叫好。但后又看到俄罗斯著名选手霍尔金娜的表演（请允许我不用比赛而用表演这两个字），叹为观止！我总感觉中国的小姑娘们动作固然完美，但总觉得少了点什么？整体美感？对，整体美感！仅有动作准确甚至是精准，但精准到了让你感觉像机器……

几年前看电视讲棋，某七段国手说了一个话题，给我印象很深：提及当时在道场中学棋的孩子棋力是如何高强、成长是如何之快，说了个例子：他

们即便对常昊、古力这样的高手——当时这两人可是风头正劲，胜了后也不见怎么激动，复完盘默默地收子就走了。棋力成长不能说不快，但总感觉每个人都像一个模版生产出来的。不像吴清源啊，聂卫平啊，或日本的六超啊，每个人都有每个人的棋风特点。由于我只是个大意的转述，请允许我隐掉他的名字。但我感觉他说的是某一种担心，我们是否进入了纯竞技的培养模式？

好吧，我们还是复归到这次的人机大战上来吧，应该说围棋高手们最终受到了一次触动，甚至是惊心的触动，但这绝不是围棋的灾难，而是人类围棋水平再上一个台阶的动力。

请允许我唯心一下：阿尔法围棋一定是冥冥之中上天派来的，来警醒人类的。有不少围棋国手已经从它的围棋步伐中得到了启迪。它就是来提醒我们：该下什么样的围棋？

我不由得想到围棋艺术大师吴清源，大师驾鹤西去之后，众皆悲伤，但我在悲伤之余又有一些别样的期待：我仿佛看到围棋之神的灵魂飞向了宇宙深处，但终将有一天又会重返人间。不知围棋艺术大师再次重返人间之时，阿尔法围棋可敢一战？ （丁学胜）

# 第四章

# 围棋人机大战简史

# 早期各计算机围棋程序概况

电脑围棋程序最早在 1969 年就已经出现，Zobrist 完成了第一个可与人对下的程序，随后世界各地研究计算机围棋的人就越来越多。由于计算机围棋尚在发展阶段，各程序所使用的方法并不相同，水平也不高，到 20 世纪末，当时最好的电脑围棋程序陈志行教授开发的"手谈"，经被日本棋院鉴定，棋力也只有业余四级，连陈教授自己的九子关也无法突破。

**早期一些较著名的围棋程序**

| 程序名称 | 作　者 | 单　位 | 国籍 |
|---|---|---|---|
| HandTalk | 陈志行 | 广东中山大学 | 中国 |
| Go Intellect | 陈克训 | University of North Carolina | 美国 |
| Go4＋＋ | Michael Reiss | Unistat Limited | 英国 |
| Many Faces | David Fortland | H. P. Inc. | 美国 |
| Stone | 高国元 | 台湾大学 | 中国台湾 |
| Jimmy | 颜士净 | 台湾大学 | 中国台湾 |
| Dragon | 刘东岳 | 台湾大学 | 中国台湾 |
| Archmage | 严礽麒 | 台湾大学 | 中国台湾 |
| Star of Poland | Janusz Kraszek | University of Slupsk | 波兰 |
| IGO | Noriaki Sanechika | AI Language Research Institute | 日本 |
| Goliath | Mark Boon | University of Amsterdam | 荷兰 |
| Nemesis | Bruce Wilcox | TOYOGO Inc. | 美国 |

**1. 许舜钦的学生们所制作的程序**

由于计算机围棋比赛最早是在台湾所发起的，这也促成台湾在上世纪八十年代研究计算机围棋的风气盛行。在其中一个较具代表性的研发小组为台湾大学资讯工程系许舜钦教授所领导的计算机围棋研发小组，在小组中曾代表参加计算机围棋比赛的包括王若曦、曹国明、高国元、刘东岳、严礽麒和

颜士净，他们所制作的围棋程序都可说都是计算机围棋发展过程中重要的里程碑，这些程序中又以 Dragon 程序最为知名。

Dragon 程序最著名的特色应该是它的棋串攻杀系统，此系统可说是充分发挥了计算机的特色，主要的做法是采用选择式搜寻法配合启发式的策略来计算棋串的攻杀。因为是具备相当完整的搜寻模块，所以在棋串攻杀时偶而会下出一些连有段棋士都意想不到的好棋出来。另外再配合根据丰富的比赛经验所制作的相当完备的棋型数据库，所以说是当时一个相当优秀的计算机围棋程序。

### 2. 陈志行教授的 Handtalk 程序

20 世纪末公认最强的计算机围棋程序应该是陈志行教授的计算机程序手谈"HandTalk"，陈教授本来是广东中山大学的教授，本身的围棋棋力约有业余五段，为了专心发展计算机围棋程序，申请退休并成立研发小组，专心研究计算机围棋。

HandTalk 程序是由汇编语言所撰写，所以它的执行速度很快，而程序本身也不大。由于程序并不大，可以推测出其所运用到的棋型数据也并不多，而且很可能是采用 rule－based 的方法。HandTalk 在大多数的情况下都不会失误，陈教授本人曾提到他是用到一种类似人在下围棋时常用到的方法"手割"，来帮助判断的。

HandTalk 与其他的程序明显不同的地方是它的攻杀能力特别强，在大多数的比赛中，都可以吃掉对方几块棋而获胜。这应该是由于程序的棋块安危判断能力、形势判断系统、眼位判断能力和棋型比对系统都很强的关系。有关这些系统的好坏，跟设计者的棋力非常有关，陈教授本身近职业水平的棋力，显然对 HandTalk 程序的撰写很有帮助。

### 3. 陈克训教授的 Go Intellect 程序

陈克训教授的 Go Intellent 一度也是当时数一数二的程序，有关 Go Intellect 的内容，陈克训教授有相当多的著作发表，Go Intellect 由于经过多年的发展，在对局时很少出错，可说是发展得相当良好的程序。

### 4. Michael Reiss 的 Go4＋＋程序

Michael Reiss 在 1983 年开始发展计算机围棋程序，而在 90 年代开始有很好的表现，一度被手谈视为最强劲的对手。Go4＋＋ 程序的棋力与它的设计者 Michael Reiss 并没有很大差距，这是较为特别的地方。

Michael Reiss 的主要观念是使用一些简单的算法去计算大量的信息，而不像一般计算机围棋程序大都是用一些复杂的算法去计算少量的信息。举例来说，Go4＋＋程序在产生一个棋步之前，会先用十五个基本的棋型比对出大约五十个候选棋步，再用全局搜寻的方式去考虑产生一个棋步，但所用的评估函数却很简单：主要是考虑地域问题。这种方式跟一般制作其他棋类的方式较为接近，此方法的好处是对于模样的感觉很有帮助，而且不需要很复杂的评估函数。坏处则是需要很大的计算量，程序运作需要一台很快速的计算机。

Go4＋＋ 最大优点是它对有关地域的好点不容易失误，这是因为它考虑的候选棋步较多，且有进行全局搜寻的关系。而它的弱点则是处理棋块攻杀的方式较弱，常会发生因为判断错误而放弃一重要的棋块，此缺点使得 Go4＋＋ 在棋赛中吃亏不少。

### 5. David Fotland 的 The Many Faces of Go 程序

The Many Faces of Go（MFG）是最早商业化的软件之一，在国际网络围棋（IGS）上亦可看到它的踪影，程序本身是用 C 语言撰写，程序大小约四万行。

MFG 的特色之一是它有一个很好的棋型发展系统，它的棋型数据库约包括 1200 个 8×8 的棋型和 6900 个 5×5 的棋型，要妥善运用这么多棋型，并不是一件容易的事。首先是棋型的来源，MFG 有一个棋型编辑系统，可以用手动的方式来剪贴下所需的棋型。Fotland 本来的构想是让高段棋士与 MFG 对弈，再从对弈的棋谱中剪贴下所需的棋型，但后来 Fotland 却发现最好的棋型撷取地方是 IGS 上的高段棋士对弈的棋谱。再来是当这么多棋型要运用在程序中时，所需的计算量是很大的，例如要在一个 19×19 的棋盘比对 1000 个棋型，用普通的方式可能要三百万个运算，MFG 将棋型编译成为用位数组表示，如此便可用平行位比对的方式进行计算，可将计算量降到 350，000。

### 6. 高国元的 Stone 程序

高国元本来也是台大信息许舜钦教授的学生，后来到北卡大成为陈克训教授的博士班研究生，所以他的程序可说是综合两者之所长。高国元所作的研究中部分是有关计算机围棋的官子，这个研究的主要的方法是将组合对局理论（combinatorial game theory）应用在计算机围棋的官子上，相关的一些结论是组合对局理论应用在收小官子时，可以得到非常好的效果。

在计算机围棋发展初期的上世纪 80 年代，围棋程序以大约每年两级的速度在进步，而到了 90 年代计算机围棋已发展到某一程度，但仍以大约每年一级的速度在稳定进步中。当时的研发者普遍推测计算机围棋的棋力大约在公元 2000 年前后，可以达到日本棋院的初段棋力。

# 早期计算机围棋比赛简介

随着电脑围棋程序研发的兴起，当时世界上较为人知的计算机围棋比赛共有五个：应氏杯、FOST 杯、奥林匹亚杯、北美杯及欧洲杯。而其中较大型的比赛为应氏杯和 FOST 杯，以下就这两个比赛作简单的介绍。

### 1. 应氏杯世界计算机围棋比赛

应氏杯主要是由应昌期围棋教育基金会所主办的，为第一个世界性的计算机围棋比赛。应氏杯比赛主要包括两个部分，计算机对计算机比赛和计算机对人脑比赛，其中人脑指的是青少年高段棋士。应昌期围棋教育基金会主要宗旨是推广围棋，其并为围棋修订了一套完整的围棋规则，也就是俗称的计点制，是公认较为完备的围棋规则。

应氏杯的初赛于每年 7 月在中国台湾举行，通过初赛者可获得旅费补助。而决赛则因为为了推广围棋运动，自 1990 年起，于每年 11 月分别在世界各大都市举行。比赛的赛程安排是采用瑞士制，而规则是用计点制围棋规则。

为了鼓励人们从事计算机围棋方面的研究，基金会给予在应氏杯中计算机对计算机的比赛的前三名奖金分别如下：冠军是 20 万新台币、亚军是 4 万新台币、季军则是 2 万新台币。而计算机对人脑的比赛的奖励则视局差而定，详细的情形如下表。

## 应氏杯计算机对人脑比赛的奖励

| 手合 | 须赢场数 | 奖金（NT） | 备注 |
|---|---|---|---|
| 让十六手 | 三战两胜 | 100,000 | 1991 年由 Mark Boon 赢得 |
| 让十四手 | 三战两胜 | 150,000 | 1995 年由陈志行赢得 |
| 让十二手 | 三战两胜 | 200,000 | 1995 年由陈志行赢得 |
| 让十手 | 三战两胜 | 250,000 | 尚未有人赢得 |
| 让八手 | 三战两胜 | 400,000 | 尚未有人赢得 |
| 让七手 | 三战两胜 | 550,000 | 尚未有人赢得 |
| 让六手 | 三战两胜 | 700,000 | 尚未有人赢得 |
| 让五手 | 三战两胜 | 850,000 | 尚未有人赢得 |
| 让四手 | 三战两胜 | 1,000,000 | 尚未有人赢得 |
| 让三手 | 三战两胜 | 2,000,000 | 尚未有人赢得 |
| 让两手 | 三战两胜 | 5,000,000 | 尚未有人赢得 |
| 让一手 | 三战两胜 | 10,000,000 | 尚未有人赢得 |
| 让先 | 五战三胜 | 20,000,000 | 尚未有人赢得 |
| 分先 | 七战四胜 | 40,000,000 | 尚未有人赢得 |

## 应氏杯历年比赛结果

| 时间 | 地点 | 第一名 | 第二名 | 第三名 |
|---|---|---|---|---|
| 1985 | 台北 | 王若曦 | 曹国明 | Allan Scarff |
| 1986 | 台北 | 杜贵崇 | 刘东岳 | Bruce Wilcox |
| 1987 | 台北 | 王若曦 | 刘东岳 | 陈开佑 |
| 1988 | 台北 | 林和芳 | 刘东岳 | Mark Boon |
| 1989 | 台北 | Mark Boon | Bruce Wilcox | 陈克训 |
| 1990 | 北京 | Mark Boon | 陈克训 | Janusz Kraszek |
| 1991 | 新加坡 | Mark Boon | 陈克训 | 刘东岳 |
| 1992 | 东京 | 陈克训 | 陈志行 | Mark Boon |
| 1993 | 成都 | 陈志行 | Janusz Kraszek | 陈克训 |
| 1994 | 台北 | 陈克训 | David Fotland | 陈志行 |
| 1995 | 汉城 | 陈志行 | Michael Resis | 陈克训 |
| 1996 | 广州 | 陈志行 | 陈克训 | 高国元 |

**2. FOST 杯世界计算机围棋比赛**

FOST 杯是由日本的 Fusion of Science and Technology organization 在 1995 年开始举办的，大约是每年的 9 月在日本东京地区举行。FOST 杯所提供的奖金如下：冠军是 200 万日元、亚军是 50 万日元、季军则是 20 万日元，比赛是采用日本棋院的围棋规则。

另主办单位为测试前几名的棋力，亦举办计算机对人脑的比赛，而两届的冠军陈志行教授的围棋程序"手谈"在经过测试后，在 1995 年被授予日本棋院的五级棋力证书，而在 1996 年则获得日本棋院的四级棋力证书，由于"手谈"在 90 年代中期的各项比赛均拔得头筹，可说是当时棋力最强的计算机围棋程序。

# 中国电脑围棋的先行者陈志行

"阿尔法围棋"如今横空出世，战胜了人类最强棋手之一李世石九段，成为了当今棋力最强的电脑围棋程序。不过在上世纪末，本世纪初，棋力最强的电脑围棋软件其实来自中国，广州志行电脑围棋有限公司总经理，原中山大学化学系教授陈志行研发的"手谈"。陈志行教授和他的"手谈"曾是中国电脑围棋走向世界的见证人。

陈志行出生于 1931 年，广东省广州市人，1952 年毕业于中山大学化学系。1991 年退休后，潜心研究开发电脑围棋软件。他从 1993 年起多次获得电脑围棋世界冠军：1993 年 11 月获应氏杯冠军；1995 年至 1997 年连续三年包揽 FOST 杯、应氏杯冠军；2000 年 8 月获心智奥林匹克电脑围棋赛冠军；2001 年 3 月在汉城获 SG 杯国际电脑围棋赛冠军；同年 8 月获国际电脑围棋赛冠军。

1991 年退休之前，他是中山大学化学系教授，主要研究方向是量子化学，出版过《有机分子轨道理论》。他把电脑和围棋结合在一起，是退休以后才开始做的事。

陈志行是狂热的围棋迷，不过并不是自幼学棋，而是 30 岁以后才弃象棋学围棋。

陈志行学围棋的方法也完全是科学研究者的风格：就像进行科学研究一样，把收集到的资料分门别类做成卡片。这种卡片是用小方格本或几何练习本裁成的，上面画了图、做了注解，其中很大一部分成为正面是问题图、背面是解答图的形式。这种工作一直做到1977年，带资料的卡片积累到七八千张之多。

文革期间，大学里正常的教学活动被打乱，陈志行把过剩的精力都投入到围棋中。他甚至写了一封信，表明不想当中山大学化学系讲师了，请他的围棋老师推荐他去广州市体委工作，就是当一名杂工也好，只要能经常得到围棋老师的指点就满足了。

陈志行46岁才开始自学计算机。1977年，他去上海开学术会议，同住的另外三个人都懂电脑，经常谈论编程问题，他一窍不通。恰巧宾馆楼下有一个书亭，里面有计算机书籍卖，他就去买了两本。就这样，他开始接触电脑。回到广州一个月后，他第一次去中山大学的计算中心，使用计算机运行他编制的量子化学程序，就得到了小小的学术成果。

上世纪70年代末、80年代初的电脑，和我们现在所熟悉的可不一样。

那时要在穿孔机上把编好的程序转化为穿在纸带上一排排的孔，每排代表一个字符；程序有错就得用剪刀和胶水来修改纸带。

现在的计算机放在桌子上，只占半张书桌的位置。而那时的计算机是一个庞然大物：比大衣柜还大得多的一组机箱，加上读纸带机、控制台、打印机等，每件都比现在的一整套要大得多。但是它的计算速度和存储量都还比不上我开始搞电脑围棋时用的一台XT电脑。就是那样的计算机，全校也只有一台。要上机，就得登记、排队。

就是靠这样的条件，陈志行编写了《BASIC练习与计算实践程序系统》、《物理化学教学程序系统》、《热力学计算程序系统》，于1989年获得国家教委的优秀教学成果国家级优秀奖。

重要的是，他不仅把电脑当做工具，而且是真心喜欢玩电脑。

1991年，陈志行从中山大学退休，他申明不接受返聘，而是把全部精力投入电脑围棋的研究之中。他倾囊买了一台XT电脑。然后，再找了一本人工智能的书，随便看了一下，许多内容也没看懂，就这样，陈志行用半个寒假

编出了一套围棋程序。他把这个程序取名为"手谈"，英文名"handtalk"。

1991年，陈志行参加国际电脑围棋赛，取得第六名。

这一版本的"手谈"已经初步解决了分块、自由度、眼形判断、串歼逃等问题，但远未完善。

牛刀小试之后，他向朋友借钱买了一台286CPU电脑，一年多后升级为386/40，为的是作出以下改进：

加进定式；废弃原有的自由度方案而改为更合理的方案；对棋子间的连断问题作判断：尽管还是初步判断，却要用一个大模块。把串歼逃的以二气串为限扩展到三气串；处理双歼问题，即打吃一串而歼灭另一串；增加模式；给程序以初步的对杀能力。

经过这样的改造，大体完成了后来的世界冠军程序的基本架构。

1992年，参加第一届全国电脑围棋赛，获得冠军。

1992年，参加东京的国际电脑围棋赛，获得亚军。

1993年11月，陈志行前去成都，参加新一届国际电脑围棋赛。他分别战胜了克拉泽克的"波兰之星"，韩国人李忠虎、陈克训的"棋慧"，佛特兰的"多面"，高国元的"棋石"，德国人的MODGO，以六战全胜的战绩首次登上世界冠军宝座。

几个月后，陈志行和日本公司签了合同，以"棋王2"的名字在日本发行"手谈"。1995年12月上市。

1994年11月，台北的国际电脑围棋赛，"手谈"获得第三名。

接下来，就是陈志行和"手谈"最辉煌的时代了。

1995年9月，东京的FOST杯世界电脑围棋锦标赛，获得冠军。"手谈"还被日本棋院认定为业余5级。

1995年，汉城的应氏杯国际电脑围棋赛，获得冠军。

1996年9月，东京的第二届FOST杯世界电脑围棋锦标赛，仍然是获得冠军。

1996年，陈志行的原单位中山大学协办应氏杯国际电脑围棋赛，他主场作战。除了"手谈"，他所指导的一个小组编制的程序"乌鹭"也参加了比赛。"手谈"又是冠军。

1997年，名古屋的第三届FOST杯世界电脑围棋锦标赛。"手谈"在第二轮就出了问题：它的对手虽弱，却使"手谈"超时负。这也许正是因为对手弱，在棋盘上留下许多未决的问题，使"手谈"要花费大量时间来计算。但有惊无险，"手谈"仍然夺得 FOST 杯世界电脑围棋锦标赛三连冠。

1997 年，应氏杯国际电脑围棋赛在美国举办。"手谈"又遇到了名古屋比赛的最大对手，英国人芮斯设计的 GO4＋＋。在赛会所发的资料中，芮斯这样说：近两年来我以全部工作时间改进 GO4＋＋……最近与"手谈"96 年应氏杯版本对弈 66 局，胜 56 局，平均胜 15.6 点……这个结果使 GO4＋＋成为日本市场上销量最大的围棋程序。

看来，竞争已经从单纯的智力比拼蔓延到商业领域。

在比赛中，"手谈"意外地输掉了几盘。在与 GO4＋＋的正面对局中，也连续失误，几乎已成败局，没想到到收官时，GO4＋＋却应对失误，"手谈"竟然反败为胜，死里逃生。

至此，陈志行和他的"手谈"连拿六次国际冠军，成为当时电脑围棋程序的最强者。

虽然现在看来，陈志行和其他电脑围棋的先行者们研发的围棋程序已经十分落后，但是再强大的巨人也有学步的时候。没有以"手谈"为代表的早期电脑围棋程序，也就不可能有今天的阿尔法围棋。

CSDN 总裁蒋涛在回顾人工智能学习围棋的历程时提到陈志行的名字，说他是围棋人工智能的第一代专家。

陈志行教授于 2008 年 10 月去世，享年 77 岁。在世时他也预测过计算机围棋程序的发展："我估计的是 2020 年入段，2100 年战胜人类最高水平者。"如果他知道今天（2016 年）阿尔法围棋就战胜了当今最强大的人类棋手李世石，比他预想的要快得多，想必也会激动不已。

## 电脑围棋一举突破业余初段

对电脑来说，围棋是一种既漫长又困难的游戏。因为围棋的变化数量比起西洋棋或是将棋多很多，局面判断也很困难。过去的围棋程式是希望藉着

把围棋知识塞入其中而能作出正确的形势判断来胜出，然而这样的做法却很难突破业余初段的程度。

在上世纪 90 年代，陈志行教授编写的围棋对弈程序是极为知名的，但令陈教授头痛的是电脑程序始终无法突破自己的九子关，这种情况一直持续到了 21 世纪。

2005 年，法国围棋程序 MoGo 第一次用了现在流行的蒙特卡洛树搜索，后来，做这个程序的不少研究人员，被吸纳到了 DeepMind 公司，成为了阿尔法围棋的技术人员。

在 2006 年，电脑围棋程序的发展取得了突破性的进展，这时的研发者们大都明白了蒙特卡罗演算法这种统计搜索手法在电脑围棋运算中非常有效。所谓的围棋蒙特卡罗演算法，就是在某个局面下以乱数的方式反覆模拟下到终局的状况几十万次。从这几十万次的模拟计算中挑出机率上最容易获胜的着手，并针对其中有力的着手进行更深更多的计算，这样就很容易发现好棋。藉着这样的方式，电脑围棋的棋力一举突破业余初段的境界。

自人类进入 21 世纪，尤其是云计算、大数据普遍应用以来，世界计算机围棋发展取得了长足的进步。目前，世界上最好的计算机围棋程序已经达到业余五段的水平。有人预测，15 年内，计算机技术将极有可能战胜人脑。

美国人大卫·佛特兰（David Fortland）1981 年就开始写计算机围棋程序，他编写的"多面围棋"程序在上世纪 90 年代就曾在计算机围棋大赛上名列前茅，曾经与陈志行教授的"手谈"数度交锋，在 2015 年的首届美林谷电脑围棋大赛上，"多面围棋"获得第三名。佛特兰和他的"多面围棋"可以说是电脑围棋程序发展史上重要的见证者。

佛特兰对计算机围棋发展历程中的大事件如数家珍。1985 年，应昌期先生曾经悬赏 40 万美元，寻找一个能够战胜职业初段的围棋程序。直到 2000 年悬赏截止，这份大奖也没人能拿走。当年，"多面围棋"曾在多次计算机围棋比赛中名列前茅，还拿过计算机围棋"应氏杯"的冠军。

佛特兰说，在 2000 年以前，计算机围棋发展缓慢，计算机程序的水平连业余 1 级都迟迟无法达到。在 2000 年之后，有好几年这一研究陷入低谷。直到 2006 年，蒙特卡罗树搜索技术的出现推动了计算机围棋程序水平的飞跃，很快达到了业余初段的水平。

大约在 2009 年，最厉害的围棋程序已经可以达到业余 3 段，如今已经是"弱业余 5 段"的水平了。

"我觉得往后会越来越难。从业余 5 段到业余 6 段，大概需要 6 至 8 年的时间。从业余 6 段再到职业初段，可能需要 20 年吧。除非再有新的技术突破，就像蒙特卡罗树搜索一样。"

佛特兰自己对智力项目很感兴趣，还写过国际象棋等项目的程序。在他看来，围棋的难度无疑是最高的。虽然蒙特卡罗树搜索技术和机器学习推动了计算机围棋程序的发展，但是像形势判断、对实地和外势的取舍、复杂的计算、对杀中的"次序"等等问题仍然难以解决。

最开始写围棋程序的时候，佛特兰还是个围棋初学者，水平在业余 10 级左右。4 年之后，他达到了业余初段，1990 年达到业余 3 段，保持至今。

刚开始写围棋程序的时候，佛特兰只有 25 岁。如今他在亚马逊公司工作，已经快退休了。佛特兰说，在他的有生之年可能很难看到计算机围棋程序战胜人脑。

然而，阿尔法围棋的一举成功让研究电脑围棋程序最乐观的人也感到有些惊讶！

# 近期比较优秀的围棋对弈软件简介

在法国围棋程序 MoGo 第一次用了现在流行的蒙特卡洛树搜索后，这一技术被广泛用于电脑围棋程序的研发中，电脑围棋也从无法突破职业棋手九子关的婴儿期茁壮成长起来，进入了幼年期，在 2010 年前后，已经可以达到业余三段水平，此后更是以每年进步一子的速度在稳步提高。

在此期间，中日韩以及欧美国家的不少爱好者都研发了大量的电脑围棋程序，彼此的竞争推动了电脑围棋的发展。其中比较有代表性的有朝鲜银星围棋、法国疯石、日本 zen、韩国石子旋风以及阿尔法围棋研发成功后才被人重新注意到的法国围棋程序 MoGo。

## 1. MoGo

法国围棋程序 MoGo 是第一个采用蒙特卡洛树搜索的围棋软件，在世界电

脑围棋大赛上也取得过前三名的好成绩，不过大多数时候都未能出彩，但它的主要研制人员后来都进入了 Deepmind 参与了阿尔法围棋的研制。所以，阿尔法围棋看上去在很短的时间就获得了成功，实际上的时间远不止于此。

**2. 银星围棋**

银星围棋是由朝鲜电脑中心（KCC）下属的三日浦情报中心于 1997 年研发电脑围棋人工智能软件，自 1997 年面市之后，1998 年 FOST 杯世界电脑围棋大赛夺冠，2002 年被日本棋院认证为业余初段。银星软件曾从 2003 至 2006 年连续四年获得世界电脑围棋大赛冠军。截至 2010 年，朝鲜在围棋电脑软件开发上走在世界前列。"银星 2010"的棋力较上一版本银星 2006 有巨大的提升，达到了韩国棋院的业余 2 段标准。

参与银星电脑围棋软件开发的韩国职业棋手金燦佑五段介绍称："银星 2010 版具有接近韩国棋院业余初段至 2 段的实力。为目前人工智能围棋软件中最优秀的。特别是在战斗力方面，实力可以达到业余 3 段以上。"而前一版本银星 2006 版按韩国棋院的标准，只有业余 6 级水平。

银星 2010 最大的特点是具有自动学习功能。它可以记忆使用者的棋风，在失败以后可以自动调整，并采用蒙特卡罗树搜索（Monte carlo method），这是一种启发式的搜索策略，能够基于对搜索空间的随机抽样来扩大搜索树，从而分析围棋这类游戏中每一步棋应该怎么走才能够创造最好机会。

值得一提的是，蒙特卡罗树搜索是阿尔法围棋的核心能力之一。但 2011 年以来，朝鲜未报道相关银星内容，也不再在世界电脑围棋大赛上出现，目前不能确认银星升级到什么程度。

**3. zen（天顶围棋）**

zen 是由日本开发的一款电脑围棋程序，又译名为"禅"。网络版的 zen 主运算程序据说是一组大型的并联服务器，因此计算能力很强，经常在对弈网站上与人类对弈。2011 年 8 月欧洲围棋大会，电脑围棋软件 zen 在 19 路盘上让五子击败日本职业棋手林耕三六段；九路盘 0 比 2 不敌一位对九路围棋深有研究的业余 6 段棋手野口基树。

2012 年 3 月 17 日，日本举行了一场特殊的围棋比赛，对阵双方分别是世界冠军、超一流棋手武宫正树和围棋软件 zen。武宫正树受让软件五子和四子，连输两盘。纵观比赛，zen 的大局观和形势判断很强，尤其是弃子的构思和勇气是一般人类业余高手也难达到的。

　　zen 先和日本职业棋手大桥拓文五段下了两盘九路棋盘的比赛，结果双方 1 比 1 战平。九路盘由于先走的优势较大，所以规则是黑贴 7 目，这两盘棋都是执白的一方胜出。由此可见在九路盘上 zen 的算路已经可以和职业棋手相媲美了。

　　随后进行的是 19 路盘的比赛。电脑软件受水平所限还无法与人类高手公平竞争，而且出场还是享誉盛名的"宇宙流"武宫正树九段。第一局武宫正树让 zen 五子进行，第二局武宫正树让四子，结果 zen 连胜两局。

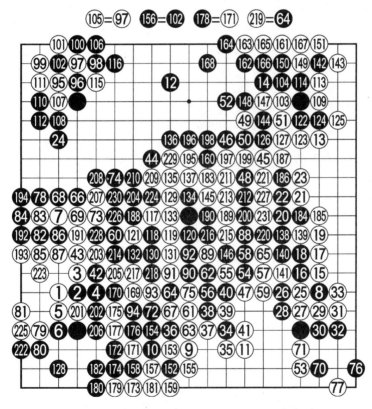

zen——武宫正树九段（让五子）　黑中盘胜

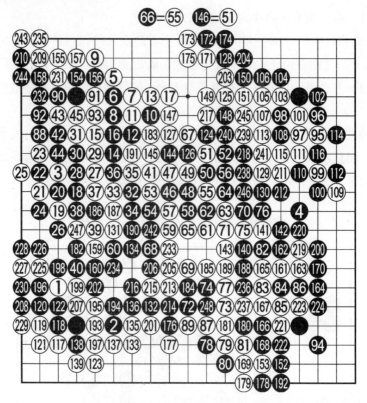

zen——武宫正树九段（让四子）　黑中盘胜

　　zen 的开发者是日本的加藤英树和尾岛阳儿。尾岛先生开始开发围棋程序后没多久，蒙特卡罗演算法这种崭新的手法非常有效的态势也逐渐明朗起来。吸收新手法优点的尾岛先生又逐渐加上自己独特的心思，并且藉着踏实的努力让 zen 持续变强。终于在 2009 年替日本创下首次拿下令人引颈期盼的国际大赛冠军。

　　而加藤英树先生也是尽早导入蒙特卡罗法而开发出名为"不动碁"的围棋程序，但他很快就看清光靠自己一人绝对无法到达世界最强的水准，所以找了尾岛先生来一起组成开发小组。这就是 zen 的诞生由来。虽然 zen 原本的规格是只用一台电脑就能运作，但加藤先生又将它修改成可以在多台电脑上平行运算，而将棋力再提升了一子左右的程度。

　　加藤先生除了平行运算以外，也分担了其他伴随运用而产生的杂务工作，而让尾岛先生能够花更多的精力在改善 zen 上面。如果没有加藤先生的助力，

zen 的进化程度可能就不会像现在这么顺利。在这个小组成立后，zen 的棋力就以每年变强一子半的速度增长下去。

因为 zen 的出现，使得日本在电脑围棋中一时世界领先。

**4. 疯石**

Crazy Stone（疯石）绝对是最近 10 余年最有持续竞争力的电脑围棋程序，它的研发者是一位法国的自由 AI 研究人员 Rémi Coulom。疯石一度被称为最好的围棋游戏程序，在电脑围棋大赛上多次夺冠，多年来一直和 zen 持续竞争，推动了电脑围棋程序的发展。

**5. 石子旋风**

石子旋风（DolBaram）由韩国专家林宰范研发，在 2015 年第 8 届 UEC 杯上获得亚军，并在电圣战中受四子战胜了赵治勋九段从而一战成名，在中国举办的美林谷杯首届世界计算机围棋锦标赛上，力挫来自日本的"天顶围棋"（zen），夺得冠军，并且获得了 1 万美元的奖金。

不过，"石子旋风"在随后颇受瞩目的"人机大战"中被中国围棋名人连笑七段打到让六子后才险胜一盘。

在 2015 年 3 月进行的一场人机大战中，"石子旋风"曾经在被让四子的情况下战胜老一代日本超一流棋手赵治勋九段。不过，面对中国现役一线名将连笑，"石子旋风"未能延续优异的表现，受四子、五子连续两盘中盘告负，而且出现了盲目脱先、"找瞎劫"等比较明显的失误。本次人机大战采用一盘一升降的规则，"石子旋风"被打到了让六子。

在让六子局中，"石子旋风"展现出了较强的中盘战斗力，出人意料地吃掉了白棋的一条大龙。此后，连笑施展手段，四处挑起战斗。但是，"石子旋风"在下边的劫争中下得很顽强，顶住冲击之后是要小胜的局面。在这种情况下，连笑中盘认输。

连笑赛后表示，让六子的这盘棋让他有些意外。虽然过程中"石子旋风"曾经有明显的失误，但它也很快发现了吃白棋大龙的手段。

"我知道那块棋要死，但是以为它看不出来，没想到它很快就下出来了，后面打劫的地方它也下得很好，"连笑说，"感觉它的发挥不太稳定。有时候下得很好，有时候下得比较臭。"

在连笑看来，以"石子旋风"所代表的目前计算机程序的最高水平看，

要想战胜人类还需要很长时间。但是，如果在研究方面有重大突破，计算机突然"开窍"，那么这个时间也许会被缩短。

# 日本 UEC 杯：最具传统和权威的计算机围棋大赛

UEC 杯是由日本电气通信大学（University of Electro-Communications）主办的世界计算机围棋大赛，第 1 届比赛 2007 年 12 月 1 日举行，至 2016 年已连续举办 9 届。UEC 杯是最具传统和权威的计算机围棋大赛，"银星"、ZEN、"疯石"等著名计算机围棋程序先后在 UEC 杯折桂，还催生了"石子旋风"等新秀计算机围棋软件。

第 1 届比赛，法国"疯石"（CrazyStone）战胜日本"胜也"获得冠军。法国围棋程序 MoGo 获第三名。

第 2 届比赛，法国"疯石"（CrazyStone）战胜日本"不动碁"蝉联冠军。

第 3 届比赛，朝鲜"银星"战胜日本"胜也"夺冠，两连冠的"疯石"仅获第 9 名，首次出现在赛场的 zen 获得第三名。

第 4 届比赛，zen 更进一步，负于 Fuego 获得亚军，"疯石"继续低迷，获得第 8。

第 5 届比赛，zen 战胜 Erica，以每年进步一名的成绩获得冠军，"疯石"状态每况愈下，滑落到第 10 名。

第 6 届 UEC 杯共有 22 个围棋软件参加了比赛，由于在 2012 年对武宫正树九段的受让四子局中，zen 获得了胜利，因而备受关注，不料决赛最终不敌连续三年梦游、知耻后勇的疯石，屈居亚军。在场观战的王铭琬九段赛后表示，与 zen 相比，疯石胜在程序稳定，不容易出现大的差错。

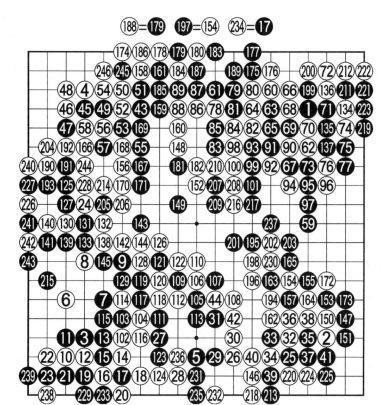

第6届 UEC 杯决赛棋谱 疯石执白中盘胜 zen

第 7 届比赛，zen 还以颜色，击败"疯石"夺冠。

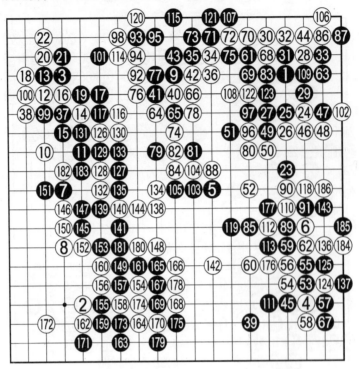

第 7 届 UEC 杯决赛棋谱　zen 执黑中盘胜疯石

第 8 届比赛，"疯石"战胜异军突起的韩国软件"石子旋风"（Dol-Baram）夺冠，zen 滑落到第 5 名。

第 9 届 UEC 杯 2016 年 3 月在日本东京举行，这届比赛是在"李世石与阿尔法围棋人机对战"的阴影下举行，阿尔法围棋的横空出世首先冲击了传统的计算机围棋界，至少 1 月 28 日谷歌发布阿尔法围棋分先 5 比 0 战胜欧洲围棋冠军樊麾二段的消息前，计算机围棋界普遍认为分先战胜职业棋手尚需十年时间。"李世石与阿尔法围棋人机对战"3 月 15 日落幕，阿尔法围棋分先 4 比 1 战胜了"人类代表"李世石九段，仅 4 天后的 3 月 19 日，第 9 届 UEC 杯开赛。决胜局中，来自日本的 zen 击败了脸谱（facebook）开发的"黑暗森林"获得冠军，"黑暗森林"获得亚军，法国"疯石"获得了季军。

由于阿尔法围棋一举突破职业顶级棋手的防线，各种世界电脑围棋大赛是否还能举办已成疑问。

# 日本电圣杯电脑大战职业棋手

2013 年 3 月，鉴于电脑围棋的飞速进步，由日本棋院、日本电气通信大学联合举办了首届电圣杯战，由当年的 UEC 杯冠亚军软件挑战日本职业九段。比赛棋份为让子，为方便决胜，规定黑贴半目。

第 1 届电圣杯石田芳夫九段代表职业棋手出场，在对"疯石"和 zen 的让子局中，一胜一负。2012 年曾受四子击败武宫正树九段的 zen 今年表现不佳，受四子中盘不敌有电子计算机之称的石田芳夫九段。"疯石"受四子 3.5 目胜石田芳夫。

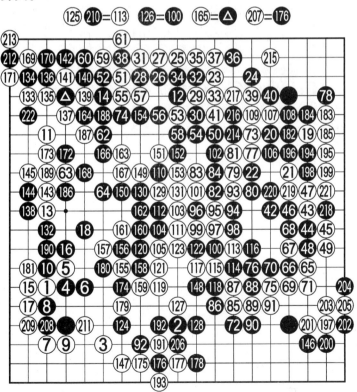

zen——石田芳夫九段（让四子） 白中盘胜

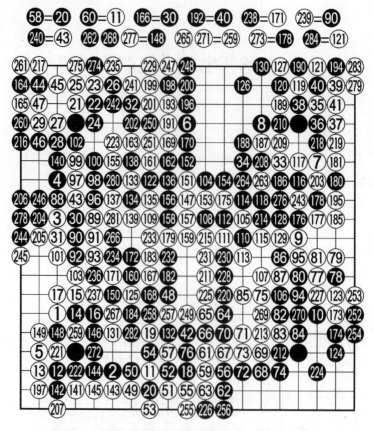

㊥=⑳ 60=⑪ 166=㉚ 192=㊵ 238=(171) (239)=⑨⓪
240=(43) 262 268 277=148 (265) (271)=(259) (273)=178 (284)=(121)

疯石——石田芳夫九段（让四子）　黑胜3.5目

第2届电圣杯战2014年3月21日举行,代表职业棋手出战的依田纪基九段让四子2.5目负于疯石,让四子中盘胜 zen。

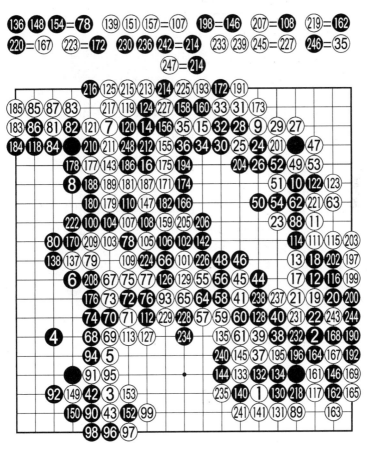

疯石——依田纪基九段(让四子)    黑胜2.5目

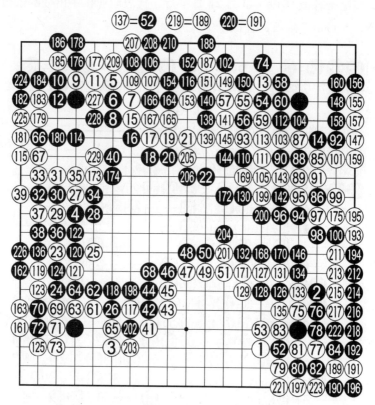

zen——依田纪基九段（让四子）白中盘胜

本届比赛虽然 zen 在 UEC 决赛击败疯石，时隔一年重获冠军，但在对战职业棋手时，首先出战的疯石两目半战胜依田纪基，作为冠军出场的 zen 则再次负于职业棋手。

赛后依田纪基表示，电脑软件能够受让四子战胜职业棋手，大概有业余 6或 7 段的实力，但同时他也认为"数年内很难达到职业水平。"

zen 的开发者加藤英树表示，想要达到职业的水平，需要以十数年的努力才行。

第3届电圣杯战2015年3月17日举行，代表职业棋手出场的是七番棋胜负之魔赵治勋九段，最终，赵治勋让四子不敌首次出场的韩国软件DolBaram（石子旋风），但在随后进行的让三子局中，赵治勋185手战胜了UEC杯冠军疯石（CrazyStone）。

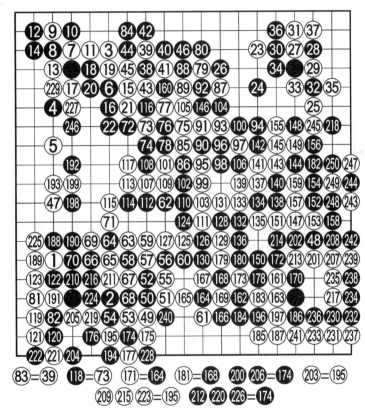

DolBaram（石子旋风）——赵治勋九段（让四子）黑中盘胜

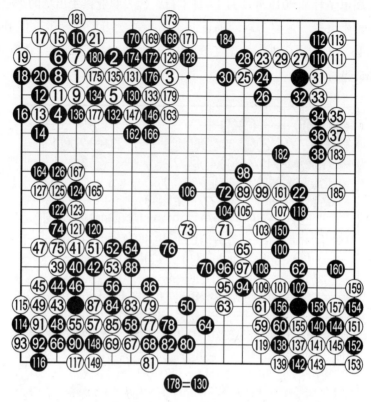

178＝130

CrazyStone（疯石）——赵治勋九段（让三子）白中盘胜

第 4 届电圣杯战 2016 年 3 月 23 日举行，代表职业棋手出战的小林光一九段让三子 4.5 目负于 zen，中盘胜 DarkForest（黑暗森林）。

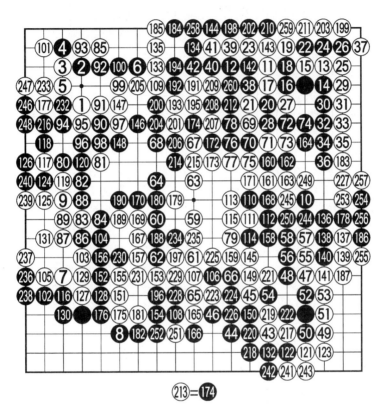

(213)=(174)

zen——小林光一九段（让三子）黑胜 4.5 目

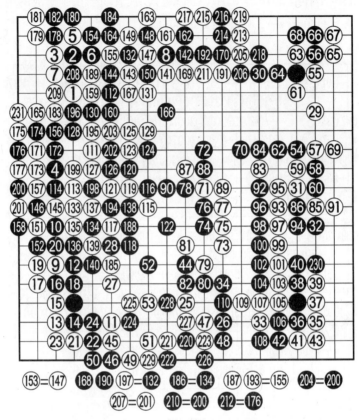

Darkfores——小林光一九段（让三子）白中盘胜

# 未来会诞生更多的超强围棋软件

在 2015 年 11 月美林谷杯世界计算机大赛期间，开发者们公论蒙特卡洛算法的基础上架构神经网络是计算机围棋突破瓶颈的出路。当时石子旋风的开发者林在范是颇不以为然，并不看好神经网络的前景。2016 年 1 月 27 日谷歌推出阿尔法围棋时，林在范正在积极备战 UEC 杯，他听到消息后的第一反应是"没有兴趣继续搞下去了"。不过，林在范很快就"未来穿越而来的震撼"中醒过来，目前他也正在研发架构神经网络的程序。

中南大学教授，开发出围棋对弈软件 MyGo 的武坤解释说，相比其他围棋人工智能，阿尔法围棋的程序算法非常先进。"现如今，围棋人工智能经历了三代算法，第一代是穷举算法，即尝试把所有可能的下法都算出来，然后取必胜的一个。如果能够穷举，那么人类注定无法战胜人工智能，因为所有的变化都在人工智能的掌握之中了。这对于国际象棋还有可能，但对于围棋来说就不现实。"

武坤说，包括"MyGo"在内，2015 年参加美林谷杯赛的 9 支队伍中 8 支都采用了第二代算法，这种算法利用高频次的随机抽样、动态评估、规划路径，选择胜率最高的走法，也就是说并不试图穷尽所有的下法，而只是抽选一部分下法，然后选出胜率最高的那一种。这种算法大大提升了围棋人工智能的水平，使得其可以和业余选手一较高低。但即使获得了 2015 年全球锦标赛冠军的韩国人工智能"石子旋风"，在和职业七段围棋选手连笑的对决中，先后在"人类让四子"、"人类让五子"的比赛中落败，直到连笑为"石子旋风""让六子"，"石子旋风"才获得一次险胜。

而阿尔法围棋的算法就远远超越了之前的算法，利用人工智能自我学习的能力获得了飞跃。武坤说，其实类似阿尔法围棋这样的人工智能也曾经在 2015 年的锦标赛上出现过，即法国的 GoLois，这款法国围棋人工智能可以模拟人脑神经元，具有主动识别、自适应等功能，在图像处理方面也异常强大。然而由于技术还不成熟，在所有 9 款围棋人工智能软件中排名垫底。"当时我们大家就感觉到了这种模拟人脑思维的算法的巨大潜力，但是没想到，类似的人工智能来得这么快，这么猛。"

正如当年"蓝色巨人"IBM 研发"深蓝"一样，谷歌研发阿尔法围棋也是大公司行为，那么个人研发者如何与之匹敌？传统的计算机围棋界有无前景？对此林在范说："阿尔法围棋战胜李世石的确让人震惊，但也令人振奋。其实阿尔法围棋的算法结构对传统计算机围棋界来说并不新鲜，早就有过讨论，一年之内，阿尔法围棋同等水准的软件肯定会出来几个。"

# 第五章

# 悄悄来临的人工智能时代

# 阿尔法的胜利影响力已超越围棋

史无前例的"人机大战"以阿尔法围棋4:1完胜李世石而告终，它所产生的影响已不局限于围棋界，它真正代表的是人工智能的发展已达到一个新的高峰。因此，这次事件才能吸引那么多超越围棋界的关注。

如果从科学发展和探索的角度来看，这不仅是一次人和人工智能机器的大对决，而是人类在对未知领域的科学探索中的又一次科学实验，也必将从此掀开人类人工智能科学研发的新序幕。透过"阿尔法围棋"，让我们人类深刻地感受到了，人工智能改变的不仅是围棋，不仅是人和科学的对弈方式，更是审视人的温度思维和冷冰冰的人工智能如何实现有机交融。人工智能最终改变的，更是我们人类的生产方式和生活方式，甚至是人类的思维。

未来5到10年人工智能将会井喷式地发展，无论是工业界还是学术界。在阿尔法围棋取得巨大成功，获得全世界广泛关注的背后，是谷歌、脸谱、微软等几家科技巨头的竞争。基于人工智能，几大巨头都开展了各自的项目研究，以及人才争夺。

谷歌为什么要研发阿尔法围棋？显而易见，阿尔法围棋不能很快带来商业利益和投资回报，在不少的人看来，这并非明智之举。这不仅是因为欧美人对围棋不熟悉，也不喜欢，而且即使放在世界角度而言，围棋也仅仅在中日韩三国有广泛的群众基础，但是在谷歌的科研团队看来，阿尔法围棋虽然不能带来当下直接的、眼前的商业利益，阿尔法围棋虽属冷门，但是冷门的背后也孕育着热门和和潜在的商业利益。阿尔法围棋通过这次人机大战的事件营销，因为全世界的高度关注，不仅提高了谷歌科研团队的整体形象和科学声望，必将会吸引其他科研团队和投资人关注，为谷歌后续的衍生的智能社会生活服务等衍生产品的开发研究和利用提供了很好的营销支持。

当前，全球制造业正在进入一个以智能化、信息化为主要特征的新阶段。人工智能浪潮来袭，放大了人类现有的能力，为人们提供了各种便捷服务，如IBM的超级电脑"深蓝"能发挥医疗辅助的作用，为MD癌症中心工作。

通过 Watson 的认知计算能力，从病人病例和丰富的研究资料库中寻找资料，为医生提供有价值的见解，从而帮助医护人员找到有效的治疗方案。目前，从最为普及的语音助手，到最潮流的无人驾驶汽车，再到最具争议的机器人，无不贯穿着人工智能的广泛应用。

西安交通大学校长、机器人专家王树国表示，未来十年，将会出现很多新型服务机器人，深入千家万户。比如在助老助残方面，将会有陪伴老人的机器人，可以对老人进行简单的照顾；还会出现教孩子外语、跟孩子互动的机器人等；餐馆点餐、医院做手术等生活领域也会有大量机器人。

实际上，人机大战的实验从未停止过。电脑"深蓝"在 1997 年就战胜了国际象棋世界冠军卡斯帕罗夫。此次围棋人机大战则成为人工智能的里程碑，从中透露出的人工智能的自我思考、自我成长等能力让各方吃惊。

围棋人机大战焦点在围棋外，正如阿尔法围棋开发者哈萨比斯所言，选择围棋只是其人工智能水平的测试，最终还是为了获得在现实领域的应用。

十几年来，科技的发展（大数据、云计算等技术）让人工智能发展到新高度、应用领域不断扩大：语音识别、图像分类、机器翻译、可穿戴设备、无人驾驶汽车等人工智能技术均取得了突破性进展。如 2015 年 6 年，软银公司推出人形"情感机器人"，它能够识别人类的面部表情，与人进行情感交流，包括语言及肢体的互动。智能机器人"蛟龙号"则能代替人类下潜到几千米的海底，根据水下情况进行操作。

有专家认为，人工智能是 20 年来全球最重要的科技，并将成为工业机器人、无人机、无人驾驶等新兴产业的重要基础。兴业证券分析师也指出，未来在个人应用领域可能带来更好的语音识别操作系统、翻译机、自动驾驶、机器人、社交网络兴趣推荐等。在行业应用方面，深度学习更广阔的应用空间包括大数据分析、特征提取、预测预警、规划、研发设计等。

业内人士和专家认为，人工智能技术将极大提升和扩展人类的能力边界，对促进技术创新、提升国家竞争优势，乃至推动人类社会发展产生深远影响。百度公司 CEO 李彦宏也认为，人工智能可带动工业机器人、无人驾驶汽车等新兴产业的发展，将成为新一轮工业革命的推动器。对此，科大讯飞刘庆峰两会建议将推动人工智能列为国家战略。

# 人工智能目前发展到什么阶段

哲学家波斯特姆（Nick Bostrom）在美国《连线》杂志 2016 年 1 月刊发表了看法，直接针对阿尔法围棋的新技术。在波斯特姆看来，这（指此前阿尔法围棋的发展）并不一定是一次巨大飞跃。波斯特姆指出，多年来，系统背后的技术一直处于稳定提升中，其中包括有过诸多讨论的人工智能技术，比如深度学习和强化学习。波斯特姆说，"过去和现在，最先进的人工智能都取得了很多进展"，"（谷歌）的基础技术与过去几年中的技术发展密切相连。"

看起来，阿尔法围棋的表现在波斯特姆意料之中。在《超级智能：路线图、危险性与应对策略》一书中，他曾经这样表述："专业国际象棋比赛曾被认为是人类智能活动的集中体现。20 世纪 50 年代后期的一些专家认为，'如果能造出成功的下棋机器，那么就一定能够找到人类智能的本质所在。'但现在，我们却不这么认为了。"也就是说，下棋能赢人类的机器，终究还是机器，与人类智能的本质无甚关联，曾经那么宣称的人，不是神化了下棋技艺的智力本质，就是幻想了下棋程序的"人性"特质。波斯特姆看来也不会认为阿尔法围棋与"强人工智能"有何相干。

在人工智能界，对于人工智能的发展阶段大致有弱人工智能、强人工智能和超人工智能的划分，目前我们所处的阶段还是弱人工智能阶段，包括阿尔法围棋在内，都是弱人工智能时代的成果。

### 弱人工智能（ANI：Artificial NarrowIntelligence）

所谓弱人工智能就是仅在单个领域比较牛的人工智能程序。比如我们提到的阿尔法围棋就是一个典型的弱人工智能程序。虽然它可以战胜欧洲围棋冠军樊麾和世界冠军李世石，但如果你让它下飞行棋，它可能连小学生都不如。

### 强人工智能（AGI：Artificial General Intelligence）

强人工智能则是能够达到人类级别的人工智能程序。比如电影《生化危

机》里的红皇后。不同于弱人工智能，强人工智能可以像人类一样应对不同层面的问题，而不是仅仅只会下围棋。不仅如此，强人工智能还具有自我学习、理解复杂理念等多种能力。不过因为强人工智能程序的开发比弱人工智能要困难很多，所以我们目前还无法实现。

**超人工智能（ASI：Artificial SuperIntelligence）**

超人工智能则是在任何领域都比人类聪明的人工智能程序。我们都知道，人的大脑正常只被开发到10%左右，而超人工智能则相当于一个拥有开发了100%的大脑。就像电影《超体》里的斯嘉丽·约翰逊一样：可以快速学习，可以穿越回过去，甚至可以永生。

2016年1月11日，AIE实验室展开了第一轮世界人工智能系统智商测试工作。第一批研究对象是百度、谷歌、搜狗、度秘、小冰、必应、Siri七个人工智能系统。

根据标准智能系统模型的特征要点，研究者们从知识的获取能力（观察能力）、知识掌握能力、知识创新能力、知识的反馈能力（表达能力）等四大方面建立互联网智商评价体系，并从这四个方面建立15个分测试，形成人工智能智商测试量表。首先在一级指标里，分为四个部分：知识获取能力，分数权重为10%；知识掌握能力，权重为15%；知识创新能力，权重为65%；知识反馈能力，权重为10%。二级指标具体细化为：一、识别文字、声音、图片的能力。二、常识、翻译以及计算。三、排列、联想、创作、猜测以及发现（规律）。四、用知识、声音以及图形表达的能力。并且根据智能系统的判定标准，设定了科学的得分规则。

测试结果显示，人工智能的AI得分与2014年相比，智商都大幅度提高，分数提高10分左右。得分最高的谷歌测评分数为47.28分，远高于两年前的20.78分，距去年测评的人类6岁儿童的智商差距也由29分缩小至8.22分。

世界人工智能系统智商发展对比（2014—2016）

|  | 2014 人工智能智商 | 2016 人工智能智商 |
|---|---|---|
| 18 岁人类 | 97 | 97 |
| 12 岁人类 | 84.5 | 84.5 |
| 6 岁人类 | 55.5 | 55.5 |
| 谷 歌 | 26.5 | 47.28 |
| 度 秘 |  | 37.2 |
| 百 度 | 23.5 | 32.92 |
| 搜 狗 | 22 | 32.25 |
| 微软必应 | 13.5 | 31.98 |
| 微软小冰 |  | 24.48 |
| SIRI |  | 23.94 |

　　具体到一级指标上，人工智能的知识获取、掌握、反馈能力都表现良好，知识掌握能力尤其是所有搜索引擎的表现最优项，但知识创新能力仍是短板所在。Siri 的翻译功能和图片识别功能欠缺。而百度在创新能力方面表现较差，仅在猜测和发现规律部分有所突破，获得 4.43% 的分数。度秘缺乏对复杂图像的表达能力，无法扫面识别图片的文字。微软的图像反馈方面的能力也较差，知识创新方面的表现不如其他搜索引擎。搜狗在排列、创造、发现能力上均为 0 分，并且不支持语音回复功能，在声音表达方面获得 0 分。必应的知识创新能力较差，而且得分的方面也只能反馈答案，没有针对性，也不具备语言回复的功能。

　　所以，这些人工智能系统在知识的创新能力方面有较大改进空间。

　　那么会有强人工智慧出现的一天吗？在 2013 年，Bostrom 对全球数百位最前沿的人工智能专家做了问卷，问了到底他们预期强人工智慧什么时候会出现，他根据问卷结果推导出了三个答案：乐观估计（有 10% 的问卷中位数）是 2022 年，正常估计（50% 的问卷中位数）是 2040 年，悲观估计（90% 的问卷中位数）是 2075 年。

# 人类不必恐惧人工智能时代

提到人工智能，很多人会问，人工智能一旦强大到一定地步，或者"失控"，会威胁人类生存吗？这次阿尔法围棋赢得围棋比赛，这样的问题再一次触动人们的神经。科幻作品中机器人失控，与人类为敌的场景似乎已近在咫尺。比尔·盖茨、史蒂芬·霍金等人就警告说人工智能的发展可能意味着人类的灭亡。2015 年 1 月，比尔·盖茨在 Reddit 的 "Ask Me Anything" 论坛上表示，人类应该敬畏人工智能的崛起。盖茨认为，人工智能将最终构成一个现实性的威胁，虽然在此之前，它会使我们的生活更轻松。

的确如此，人工智能现在有可能随时就在你的身边，现在它们被冠以弱人工智能的名称。你每天都通过智能手机，用地图软件导航，接受音乐电台推荐，查询明天的天气，和 Siri 聊天。还有谷歌研制的无人驾驶车，弱人工系统的存在可以感知周围环境并做出反应。

你可以和语音系统聊天，但不要期望它能做你的女友。因为它从来不会和你讨论去哪里旅行之类的问题。何况你只是它 100 多位聊天中的一个。

不过，这些人工智能目前的智能水平是有限的，本质上它们还不具备人类固有的智慧。前面我打过一个比喻，人类的计算能力肯定能算出圆周率小数点的 n 位数，但人类的智慧告诉他们不必算或者让电脑去算。各位可能要质疑阿尔法围棋如果不能理解围棋它是如何可以下得那么好？请注意，阿尔法围棋本质上就是一个深度学习的神经网络，它只是透过网络架构与大量样本找到了可以预测对手落子（策略网络）、计算胜率（价值网络）以及根据有限选项中计算最佳解的蒙特卡罗树搜索，也就是说，它是根据这三个函数来找出最佳动作，而不是真的理解了什么是围棋。

所以阿尔法围棋在本质上与微软的 Cortana 或 iPhone 的 Siri 其实差别只是专精在下围棋罢了，并没有多出什么思考机制。

一些报导臆测阿尔法围棋是个通用性的网络，所以之后叫它学打魔兽或是学医都能够快速上手，那这也是很大的谬误，如果各位看完了上面的说明，就会知道阿尔法围棋根本就是为了下围棋所设计出来的人工智能，如果要拿它来解决其他问题，势必神经结构以及算法都必须要重新设计。

我们要看到，所有的人造机器，包括阿尔法围棋，都是某些方面的能力高于人类。这本来就是人造机器的目的。在现有条件下，它还不会失控，以后真失控了的话，与飞机高铁大坝火箭核能之类的失控基本属同类性质。无论是谷歌的无人驾驶技术，还是如今的阿尔法围棋这个下棋程序，或者更早前的微软小冰，这些智能机器的发明，复杂程度日益提升、智能日趋强大，但与人们惊呼的"人类将要被机器消灭"之间，并不存在什么客观的联系。

事实上还有人提出高人工智慧，认为是比人类智力更强大，具备创造创新与社交技能的人工智能，其中最大的差别在于弱人工智能不具备自我意识、不具备理解问题，也不具备思考、计划解决问题的能力。

有人表示说，当然现在的弱人工智能系统并不吓人，它还没有威胁人类生存的能力。但每一个弱人工智能的创新，都在给通往强人工智能和超人工智能的旅途添砖加瓦。用 Aaron Saenz 的观点，现在的弱人工智能，就是地球早期软泥中的氨基酸——没有动静的物质，突然之间就组成了生命。

在学界和业界，早就有"强人工智能"相对"弱人工智能"的概念，虽然初听起来好像这里只有强弱程度的差别，但这种区别具有分立的性质，而不只是程度问题。"弱人工智能"本身不具备智慧，只有人类设定的技能，所以只能充当纯粹的工具。而"强人工智能"所谓的"强"，就是具备类似人类的智慧，包括具有自我意识、意向性、自由意志等。

翟振明教授系中山大学人机互联实验室主任、哲学系教授、博士生导师。他于上世纪 90 年代就开始研究虚拟现实的基本构架及与物联网整合后对人类生活方式的可能影响，其思想实验已派生出一批技术发明，被认为是虚拟现实领域的先行探索者和领头人。在他看来："按照现在这种思路来搞人工智能，搞出来的东西是不可能有自我意识和意志的。按照量子力学的基本构架来进行，倒有可能。"

"对这种思路，1998 年我在美国出版的专著（英文）中已有阐述。最近，美国量子物理学家斯塔普（Henry Stapp）、英国物理学家彭罗斯（Roger Penrose）、美国基因工程科学家兰策（Robert Lanza）都提出了人类意识的量子假设。清华大学副校长施一公院士、中科大副校长潘建伟院士等也大胆猜测，

人类智能的底层机理就是量子力学效应。看来大家的想法不谋而合。"

"任何不以已经具有意识功能的材料为基质的人工系统，除非能有充足理由断定在其人工生成过程中引入并随之留驻了意识的机制或内容，否则我们必须认为该系统像原先的基质材料那样不具备意识，不管其行为看起来多么接近人类意识主体的行为。

"基于以上看法，我认为'强人工智能'实现以后，这种造物就不能被当作纯粹的工具了，因为它们具有人格结构，正常人类成员所拥有的权利地位、道德地位、社会尊严等等，它们应该平等地拥有。与我们平起平坐的具有独立人格的'机器人'，还是机器人吗？不是了，这才是真正的突破。

"最为关键的是，这样的'强人工智能'主体，不就真的可以与人类对抗、毁灭人类吗？要理解这种担忧的实质，就需要我们好好自我反思一下，我们在这里如何把基于个人经历形成的一己情怀当作有效的价值判断了。我们主动地设计制造了这种新型主体存在，不就等于以新的途径创生了我们的后代吗？长江后浪推前浪、青出于蓝而胜于蓝，人类过往的历史不都是这样的、或至少是我们希望的吗？一旦彻底做到了，为何又恐惧了呢？所以，我们看待它们的最好和最合理的态度是：它们是我们自己进化了的后代，只是繁殖方式改变了而已。退一万步讲，假如它们真联合起来向前辈造反并将前辈'征服'，那也不过就像以往发生过的征服一样，新人类征服了旧人类，而不是人类的末日。"

或许以后科技的进步会使"强人工智能"成为现实，不过之前肯定会进行充分的风险评估。在人工智能专家、英特尔中国研究院院长吴甘沙看来，大数据存在的法律边界、隐私问题，人工智能必然存在。当人已经分不太清楚自己跟机器的界线时，一定有很多伦理问题出现。科技发展始终是把双刃剑，确实应该将人工智能社会学提上议事日程，以便尽早规避未来潜在的风险，使人工智能更好地为人类服务。例如，剑桥大学就计划将建立一个1000万英镑的研究中心来分析人工智能可能对人类造成的风险。

总之，目前这种人工智能，再怎么自动学习自我改善，都不会有"征服"的意志。现在计算机在围棋这个号称人类最后的堡垒中胜过了人类，那我们是不是要担心人工智能统治人类的一天到来，其实不必杞人忧天。

# 谷歌的"黑科技"

关于谷歌，最著名的一句话是他们的公司信条"不作恶"。但他们其实还有另一句话，那就是在 2004 年的招股书里，两个创始人、当年只有 30 岁的谢尔盖·布林和 31 岁的拉里·佩奇说的，"谷歌不是一家常规的公司。我们也不想变成一家常规的公司。"把谷歌改组为 Alphabet，就是"不走常规"这一准则的体现。在过去几年，谷歌疯狂地在全球收购各个尖端前沿领域的顶尖公司，把触角伸到了生命科学、人工智能、无人驾驶、虚拟现实等等许多的领域。原来的谷歌以及其他相关的互联网服务，比如 Youtube、Gmail 和地图等等，变成了新公司旗下的一个子公司。而阿尔法围棋背后的英国 Deepmind 公司，只是他们收购的许许多多家公司中的一个，而已。Alphabet 不再是一家互联网公司，而是一家涉及各个领域的、难以定义的科技公司。

收购 Deepmind，谷歌当时的出价至少在 4 亿美元以上。其他的公司也都耗资不菲。而且这些公司不但完全不赚钱，而且都巨亏。

互联网业务仍然是 Alphabet 最重要、甚至可以说是唯一的收入来源。2015 年，整个 Alphabet 的营收是 750 亿美元，其中 745 亿美元来自互联网相关的业务，说白了其实主要就是广告展示，占 99.3％。而除此之外的其他部分，去年年收入只有区区 5 亿美元，亏损更是高达 30 亿美元。

也就是说，Alphabet 的策略是让互联网业务，也就是谷歌部分负责赚钱，再用赚到的钱不计成本地去支持其他领域的研究。

而且，谢尔盖·布林和拉里·佩奇把赚钱的这部分业务完全交给原来的第三号人物桑达尔·皮查伊去管，他们自己集中精力去督导其他那些大把花钱、完全不赚钱的公司。

这两个人当然没有疯，他们做的所有一切，都是面向未来的布局。

所有这些收购的公司，谢尔盖·布林和拉里·佩奇给他们确定的使命归纳起来都是一样的，那就是，"用科技让世界更美好"。

比如我们打开 Deepmind 官网的首页，赫然出现的大标题是"研究人工智

能，用人工智能把世界变成一个更美好的地方"。阿尔法围棋的威力我们都已经见识到了，这是人工智能研究历史上的一个重要里程碑。虽然真正的人工智能的到来还遥不可及，但阿尔法围棋已经推开了一条门缝，让我们依稀可以看到门后那个让人激动万分的新世界。

在强劲的现金流的支撑之下，Alphabet 旗下的其他公司都像 Deepmind 一样，放手进行各种科幻级的疯狂研究。其中有些公司，被归在一个称为 Google X 的秘密实验室之下。Alphabet 内部把这些疯狂的研究统称为"登月计划"（moonshot），专门指那些需要通过突破性的技术来解决的巨大的科技难题。

不难想象，当 Alphabet 一点一点地带领人类逼近更美好的未来时，它自己也会变成一个比现在更加可怕得多的巨无霸，彻底主宰这个世界。

那么，Alphabet 都在进行哪些疯狂的科幻级研究呢？我随便列举一些，你们感受下。

大家都比较熟悉的无人驾驶汽车，2005 年开始研发，目前估计会在 2017 年到 2020 年之间投入商用。可以用来送快递的 Project Wing 无人机计划，这个也不算新鲜，亚马逊也在研究。过空气隔空打字的 Project Soli 项目，可以利用微型雷达控制电子设备。

让全世界的人都能用上互联网的热气球，这个项目称为 Project Loon，目前已经在澳大利亚和印尼等国投入试验。现在全球有三分之二人口没有高速互联网接入服务，这样的热气球能够帮助地处偏远的人连上网，实现同一个世界同一个网络的梦想。脸谱也在进行类似的项目。

可以自动检测糖尿病人血糖含量的智能隐形眼镜，目前已经上市。因为糖尿病人每天需要频繁地监测血糖含量，以前只能通过传统的取指血的方式，非常痛苦，这款产品可以通过泪液实时监测血糖含量，每秒钟传送一次数据。

Alphabet 收购的 Calico（加州生命公司），正在进行延缓人类衰老和阻止死亡的研究，也许在未来长生不老不再是遥不可及的梦想。

Alphabet 收购的另一家公司 Sidewalk Labs，计划把全世界城市里的路灯和公用电话亭改造成免费的 wifi 热点，目前他们开始在纽约进行试点研究。

专门为帕金森患者研制的智能汤匙，可以帮助他们缓解 76% 的手抖症状。

原本为美军研制军用机器人的波士顿动力公司（Boston Dynamics），2013

年被当时的谷歌收购后拒绝了美军的订单，一心一意研究民用机器人。他们的机器人现在已经相当灵活。

高空风筝发电机，与常规的固定风力发电机相比节约了一般的成本和90%的材料，还能在高空获得更加稳定的风能。

这个列表还可以继续下去，还有很多很多的未来科技。甚至，Alphabet旗下的各家公司，还有可能在做一些更加绝密、更加疯狂、更加科幻的研究，比如治愈癌症、空间传输、低温睡眠等等。

所以，请不要再拿别的莫名其妙的公司去和谷歌，也就是 Alphabet 作比较，那是对它极大的侮辱。

因为它要改变的，是人类的未来。

# 人类的学习能力依然强于电脑

即使阿尔法围棋战胜了李世石，计算机科学家曾预测，这次胜利也不会像电脑程序击败卡斯帕罗夫时那样振奋人心。他们说，人们已经习惯了在游戏中，电脑程序是最终的赢家。但现在，电脑程序还没有大获全胜。巴黎笛卡尔大学的 Bouzy 说："讽刺的是，在游戏领域人类还是有着最大的优势。电子游戏通常是非常复杂的，电子游戏中有很多人物、很多动作、很多场景。现在，13 岁的人的头脑就可以比电脑更好地应对这一切。"

在不少人看来，阿尔法围棋击败围棋世界冠军，意味着人类丧失了在棋类游戏中最后的尊严。对此，人类大可不必妄自菲薄。从训练棋局数量与围棋水平的"投入/产出比"来看，人工智能还是没有人类围棋高手聪明。要知道，阿尔法围棋可是训练了 3000 万局棋后，才能战胜职业围棋选手。而一个人在成长为职业九段高手前，训练的棋局数量远小于 3000 万。从这个意义上说，人工智能程序的聪明程度远不如大多数人，尽管拥有了深度学习能力，但它战胜人类的主要原因仍和以前一样：运算速度快、不受生物属性限制。

纽约大学神经科学家盖瑞·马库斯则说："'DeepMind'的方法并非唯一推动人工智能向前发展的方法。他创办了一家名为'几何智能'的初创公司，主要研究用少量例子进行推断的学习技术，这一方法受到儿童学习过程的启发。"尽管"阿尔法围棋"问世时间不长，但其可能已经进行了数千万次游戏，远超李世石，但后者仍然胜了一局。马库斯说："这表明，人能够使用更少量的数据获得一个模式，这一点令人影响深刻，或许人类的学习速度比机器更快。"

2016年3月19日上午，在中国发展高层论坛上，马云与脸谱总裁扎克伯格展开一场跨国对话，两人谈到了不久前的围棋人机大战。

马云：上周很多人担忧机器打败了人类。我认为未来机器会比人类更强大，但不会比人类更明智，人的智慧是人类的核心。

比如和人下围棋，对方输，我们会很有乐趣，但和机器下，这种乐趣就消失了。我们要意识到，机器永远比人类强大。有一点是肯定的：人的智慧是人类的核心，机器成功和失败，它对友情和爱是没有感觉的，所以我们要用机器来解决问题，作为创新的解决方式。

马云问扎克伯格怎么看这个问题。扎克伯格：我赞成你的大部分观点。

扎克伯格：这次围棋比赛确实是里程碑事件。人工智能在图片识别，语言翻译等应用根本上还是采用相同的技术、数据分析等。

扎克伯格：人工智能的能量依然有限，但是未来5到10年将取得巨大进步。

扎克伯格：阿尔法围棋带来了很深的感触。AI研究速度现在非常欣喜。希望会有更多的应用出来。

扎克伯格：如果我们时间够长，AI会比人驾驶汽车更安全。它在对人的健康和安全方面来说，是最近几年最大的成就。卫生方面，AI也有促进，能提高诊断准确率和治疗的有效率。另外AI还可以研究匹配每个人的基因，对症治疗。

因此，我们不必沮丧，而是要为人工智能技术的进步感到欣喜。谷歌团队表示，他们打算利用研发阿尔法围棋过程中的技术来解决一些当今社会的重要问题，如医学诊断、全球变暖。自然语言理解，也是人工智能研发的一个重点领域。目前，代表这一领域国际先进水平的苹果手机Siri，在与用户对话时，仍显得较为幼稚，有时答非所问。谷歌、脸谱、微软、百度等许多知名互联网企业都在投入重金，开展研发，以期在人机问答领域取得突破。

因此，阿尔法围棋击败围棋高手，也许还称不上人工智能领域的重大突破。虽然职业棋手普遍感觉阿尔法围棋下棋时表现出"像一个人类棋手"，而它所具备的"自我学习"能力也不可能与人的学习能力同日而语。电脑专家徐英瑾分析说："人工智能唯有能模仿'整全的人'，具备人类思维的大多数功能，才是真正震撼人心的事件。计算机程序的许多单项能力早已超越人类，即使是一个小小的计算器，其算数能力也非人类可比。计算机程序如今成为围棋高手，不过是增加了一种单项能力。与之相比，实现'通用人工智能'的难度高得多，要求一个人工智能系统，可以像人一样做很多事情：做算术、写文章、画画、下棋……这种系统能处理生活中纷繁复杂的情况，如果科学家能开发出一套优质的家政服务系统，能让机器人独立做各种家务，那么它就基本可算作通用人工智能。"

## 什么职业会被人工智能取代

人机大战，阿尔法围棋获胜后，许多网友恐慌，人类最终会不会被机器所取代呢？不可否认，人工智能时代已经悄悄地来临了，虽然现在的人工智能并不像科幻小说那样炫目，但实际上，它已实实在在地给人类社会带来影响。

首当其冲的是导致大量的人失业。随着人工智能的发展，机器确实可以通过深度学习来代替人类做越来越多的工作，根据 2016 年 1 月冬季达沃斯论坛就机器人发展前景的最新调研，到 2020 年，在全球 15 个主要的工业化国家中，机器人与人工智能的崛起将导致 510 万个就业岗位的流失。但是，人类依靠独有的创造性、互动性和谈判性，在一些职业中仍然占有绝对优势。

早前，不少"写稿机器人"出现，它们可以写出媲美记者的新闻稿件。如此一来，不少人就开始担心——会不会有朝一日我们的饭碗都被这些装载了弱人工智能程序的机器人抢走了？

以腾讯财经的写稿机器人 Dreamwriter 为例，虽然 Dreamwriter 能够自主搜罗各公司的财报，并基于这些信息进行分析，最终独立完成稿件，但它所能完成的选题范围其实非常狭窄。一旦需要涉及到对相关人士的采访，Dreamwriter 立马不行——因为它只会用现成的资料作为报道素材。

不可否认，弱人工智能在某种程度上可以机械地代替人类完成工作，但是一旦工作中需要有所调整，弱人工智能就无能为力了。这也给人们提了个醒：如果你只能完成单一的工作，不懂变通，那你的饭碗很可能就会被弱人工智能程序抢走。只有在完成原有工作的基础上不断变革、不断创新，才能够握紧自己的饭碗。

牛津大学一位研究者发布的论文显示，未来有 700 多种职业都有被机器替代的可能性。职业中可自动化、计算机化的任务越多，就越有可能被交给机器完成，其中以行政、销售、服务业最为危险。

尽管机器可以模仿人类的大脑进行学习，但是在目前的科技水平下，相比人类，机器欠缺了原创能力、互动能力和谈判能力。因此，具备这三种要素的职业便不容易被机器替代。比如文创、科技和管理行业，就比较安全。

根据上述论文，内外科医生、编舞、教师、作家、律师、人力资源经理、科学家、工程师和记者属于比较安全的、不容易被替代的职业；相反，司机、技工、建筑工人、裁缝、快递员、抄表员、收银员、保安和洗碗工属于比较危险的、有可能被机器替代的职业。

即使如此，专家表示，人类也无需恐慌，虽然计算机可能在一些方面超过人类，但是它依旧不是"整全的人"，例如"阿尔法围棋"，它只会下围棋，并不像人类可以做许多事情：弹琴、下棋、与人交流，甚至创造各种人工智能系统……只有人类能处理生活中纷繁复杂的情况，人工智能取代人类的担心为时尚早。

# 第六章

# 阿尔法围棋对樊麾二段对局详解

# 阿尔法围棋挑战欧洲围棋冠军樊麾二段五番棋

樊麾，1981年12月27日出生在陕西西安，从小学棋，也算是"年少成名"，曾入选过中国围棋国少队，1996年定为初段，2000年升为二段。2000年左右没有去当时的围棋圣地日本，而是到了法国，一直生活到现在。这位自称棋艺"不怎么样"的选手，现在是法国围棋队的总教练，也是过去三年的欧洲围棋冠军。

这些背景和头衔让他成为了阿尔法围棋（AlphaGo）理想的测验对手：有一定实力，但并没有那么高不可攀；同时又有名气，如果赢了将会是很好的宣传噱头。

当2015年9月初樊麾第一次收到一封来自DeepMind的邮件时，他刚刚和太太在东欧度完一个小假，回到位于法国波尔图的家中。而他也完全料不到，这封陌生的电子邮件会给他接下去的生活带来多大的改变。

"我现在也算是个网红了。"半年之后，在接受腾讯科技采访时，樊麾在电话那头自我调侃道。

《自然》杂志的文章发表的第二天，樊麾的百度指数就呈直线上升，还有人替他建了百度百科。接下来的一个多月时间里，他的采访邀约就没有停过，"每天都在接受采访，国内的、国外的，报纸、电视台。"樊麾说，这些人有的是想证实他真的输了，有的是想让他谈谈比赛的感受，预测一下李世石和AlphaGo谁会赢，被问到最多的是，人工智能出现对围棋的影响。

对于这些采访请求，樊麾尽量都会答应下来，除非真的是因为比赛或是别的什么事无法配合。显然，他还没有学会如何拒绝别人，也没有太多接受采访的训练。这让他一方面看起来十分真诚，同时也容易被"不安好心的人"抓住说话的漏洞作文章。

在所有针对他的指责当中，他最无法接受的是说他被谷歌收买，整个事件就是炒作，是一个局。"对这些人我真的无话可说。"在整个采访过程中都笑哈哈的樊麾，在说这句话的时候既严肃又无奈。

117

抛开这些恶毒的攻击，樊麾觉得自己还是挺幸运的。在半年前，他根本没有留意过任何关于人工智能的事，在无意间卷入了这场"人机大战"，而且是作为一个最重要的角色：他不仅是当时唯一一个和 AlphaGo 直接交过手的人，而且也将作为它与李世石交手的裁判。他说自己正在见证历史。

2015 年 11 月 13 日晚间，恐怖组织袭击了巴黎。那天樊麾正好在巴黎。整个晚上，不断有家人和朋友来电发微信寻问樊麾的安危，因为太累，他与妻子待在了市郊的宾馆没有出门。这是他过去半年另一段有意思的经历。

在樊麾去韩国为这次李世石与阿尔法围棋"人机大战"做准备的前一天，他接受了记者的专访。他与我们详细描述了自己是怎么进入到这一事件中，是怎么一步步输给 AlphaGo，又为什么在受到争议时还愿意出任裁判，以及在他眼中，人工智能会给围棋、给人类社会带来什么样的变化。

"他们说现在有一个很好的项目，他们感到很兴奋。"

**记者：**跟我们说说，最初你是怎么被"卷"进这件事里来的。

**樊麾：**是在 2015 年 9 月初，我刚比完欧洲围棋赛，拿了冠军，和太太在东欧那边玩了一圈。回到家发现 DeepMind，就是开发了 AlphaGo 的那家公司给我发了封邮件，就问我有没有兴趣去他们公司访问。当时他们什么也没说，没说是程序，更没说是和围棋有关的项目。我虽然也不知道为什么，但在欧洲这种事也比较平常，不会觉得有人要骗我什么，出于好奇，我就给他们回了邮件。

接着就是约我进行网上视频会议。第一次用 Skple 连线，也没有说是和围棋相关的项目。只是说很高兴我能过去访问，他们现在有一个很好的项目，他们自己很兴奋，不过在让我了解这个项目之前，需要签一个保密协议。然后他们传过来这个协议，我签完传回去。等到第二次视频会议，才开始告诉我具体是什么。

**记者：**所以你是在一无所知的情况下就签了保密协议？没有什么疑惑吗？

**樊麾：**（笑）其实签协议之前我有去查过。第一次视频完了之后，我上了它们公司官网，找到了一篇之前的与围棋相关的论文。那个论文写的是一个最初的概念，当然里面有很多技术我是看不懂的，不过猜到了应该是和围棋有关的，所以会找到我。当时想的应该是一个围棋程序，让我帮忙测试一下，出出点子，觉得挺好玩的。

**记者：** 那个时候你还不知道 DeepMind 这家公司的背景？

**樊麾：** 是的。第二次视频会议，DeepMind 才告诉我说他们背后其实是谷歌投资的，我这才知道他们的背景比较大。我觉得他们一开始没有说一个原因是出于保密，第二个原因估计也是怕把我吓跑，不接受他们的邀约。接下来就是敲定行程。

9 月底第一次去他们公司参观。那个时候纯粹就是抱着旅游的心态，去英国玩一趟。第一次就是纯聊，没有接触 AlphaGo，也没有下棋。只是把比赛时间、比赛方式等等确定。比如他们会问我希望用电脑下，还是用实体的棋盘对面坐个人摆子。他们问了我很多东西，我发现他们对于人工智能方面可能很擅长，但是对于这个比赛要怎么弄，一点经验都没有；对于围棋世界，也不是很了解。

**记者：** 为什么会觉得他们对围棋世界不了解？

**樊麾：** 因为他们提出了很多顾虑。比如他们问我，万一机器赢了，下围棋的人会不会恨他们，会不会因此伤害到很多人的利益等等。通过这些你会发现，他们是那些很纯粹的技术人员，不是商业世界里那种很油的人。

**记者：** 你有问过他们为什么选择围棋这个课题吗？

**樊麾：** 我也是通过和他们接触，才对人工智能这块也慢慢有了了解。人工智能里有一个共识，围棋是人类最后的一个堡垒，是最难的，所以这方面的研究人员很早以前就对人工智能下围棋有很大的兴趣。我记得 2005 年的时候法国就开发了一个围棋程序 MoGo，第一次用了现在流行的蒙特卡洛树搜索。我还跟这个程序下过，是 9 乘 9 那种，当时并没有觉得它厉害。后来我才知道，做这个程序的不少研究人员，后来被吸纳到了 DeepMind 公司来了。所以其实 Goolge 关注围棋不是一天两天了，只不过一直没有找到那个核心的可以带来突破的东西。

之前的围棋程序，包括 zen 和 CrazyStone 我都跟它们下过，其实还是之前的模式，就是死算，纯计算机的方式。而 AlphaGo 最厉害的，是除了算的部分，还有一个另外的"判断"的部分，这就往前迈了一大步。

**记者：** 能用普通人能听懂的话，跟我们解释一下 AlphaGo 和之前围棋程序最大的区别吗？

**樊麾：** 之前所有（围棋）软件最大的毛病，就是会下一些"电脑棋"，

电脑棋就是那些毫无理由的奇怪的招，跟短路了一样，可以简单理解成"昏招"。只要它下了电脑棋，和它对垒的你瞬间就会充满自信，觉得不过如此，你就放松了。之前所有的围棋程序，都会下一些电脑棋。AlphaGo 最厉害之处，就是不下电脑棋，不下特别奇怪的愚蠢的棋。如果你不提前告诉我，我完全感觉不出来对面是一个程序，它下棋的方式，很像真正的人类棋手。

这还不是说我升级的概念，而是提升了一个层次。很多人看到那篇论文来找我，问我是不是真的输了。我说我虽然下得不好，但是我尽力了，是真的输了。AlphaGo 的水平超出了我的想象。

"我之前从来没有输给过电脑，去之前我根本没想到自己会输。"

**记者**：跟我们分享一下具体的比赛过程吧，是我想象的那种，在小黑屋里关几个小时对着机器下棋吗？

**樊麾**：比赛是 10 月初，5 号到 9 号五天，其实是一天两场，一共十盘。五盘正式的，还有五盘非正式的快棋。正式的全输了，但非正式的快棋我赢了两盘。

就是在他们公司一个大的会议室里面，摆好了各种摄像头，其他人在外面。他们当时问我是想对着电脑下还是有棋盘，我不习惯对电脑，所以有一个技术人员跟我在里面，坐在我对面来负责下棋，就是来替 AlphaGo 摆子。

**记者**：你从什么时候发现，情况和你预想的不太一样？

**樊麾**：输完第一盘，我就发现（情况）不对了。按我原来的设想，第一盘是想慢慢下，你围一点，我围一点，没有什么相互的战斗，希望可以稳稳地取胜。但结果就是，这么下我下不过。所以从第二盘开始，我就完全改变了策略和棋风，主动出击与它展开攻杀，说不定它会出现失误，就会变成我的机会。没想到反而输得更多。

**记者**：那个时候你是什么心情？

**樊麾**：那对我来说也是一个历史时刻，因为我之前从来没有输给过电脑，去之前我根本没想到自己会输，觉得就是一个机器的测试嘛。第一天输完，当然是不服。第二天继续，等到第三盘之后，我已经服了。但是规则要求你下完五盘嘛，知道下不过，但是还想着说也许我能赢一盘。最后就是 0 比 5。

**记者**：你自己也说，其实当时发挥也不是很好。是什么原因造成的？太紧张了吗？

**樊麾：** 就像咱们前面说的，如果你不告诉我对面是一个程序，从它下棋的方式上我是感觉不到的。但是之前人家又明明告诉你了，对面和你下棋的不是人，这个就很别扭。

两个人下棋的时候，你常常会观察和琢磨对方的情感和心理。它是紧张了？害怕了？你在想象对方的同时，这种作用对方也会感受到，折射回来。但是现在对面是电脑，就是你面对一堵墙，你所有的感觉全部都被打了回来，你知道它没有心态的波动。

**记者：** 你接收不到来自对手的任何信息。

**樊麾：** 是的。直接影响就是，你无时无刻不在怀疑自己。这个棋它这么下对吗，真的对吗，我有这么多问题吗，因为下了两盘你发现它不会出错，它的错只是它那个水平上的错，不会有其他原因的错。我的心理波动就大了，下到后来我觉得，即使我优势再大最后也会输。如果我们再下十盘，我会输得更多。

**记者：** 但其实一开始你下得还是挺自信的吧？

**樊麾：** 对。第一盘是我唯一不怀疑自己的，因为那时候我还什么都不知道呢。随着比赛进行，加上后来和 DeepMind 的人聊天，对 AlphaGo 了解加深，从最初的模型，到不断测试，包括技术人员中间的讲解，知道这个程序是怎么回事了，发现这个东西不可限量。终于感受到了当初他们联系我时说的那种兴奋。

**记者：** 但你确实是被虐了，不会很郁闷吗？

**樊麾：** 这个事情曝出来是今年 1 月 28 号，已经离比赛过去好几个月了，心态早就平和了（笑）。

**记者：** 但是这个消息一出来，大家就都来轰炸你了。

**樊麾：** 就消息出来第二天，所有朋友都在微信上问我，"樊麾，这事儿真的假的"，我说是真的。接着就是媒体找上来，从那个时候开始媒体采访就没有停过。国内的，国外的，这两天比赛近了嘛，韩国的媒体，包括最大的报纸、电视台也都找过来。我开玩笑说现在真成"网红"了。

**记者：** 大家一方面都想要采访你，但其中不少的报道，都是把你放在 AlphaGo 垫脚石这样一个位置，你会不高兴吗？

**樊麾：** 这倒没什么，我本来就不是围棋水平特别高的人。输了就是输了，

对我水平的那些质疑我都接受。最让我没法接受的是说我被谷歌收买了，到现在还有人说，这整个事情就是一个炒作。这我就没法说了。

还有一个有意思的事，DeepMind公司的人看到网上各种各样的话，还特地给我发了一封邮件慰问我。他们都知道，其中有一些话，已经算是带有人身攻击了。

"如果AlphaGo停留在半年前跟我比赛那个水平，那它对李世石毫无胜算。"

记者：既然已经有这些压力，为什么还答应来当这次人机大战的裁判？

樊麾：当然答应，我很爽快就答应了。这都是见证历史的时刻。你知道，围棋比赛当中会发生很多细节，如果我不在现场，就错过这些细节了。围棋里面有一种叫"观战记者"的，里头最有名的是川端康成，就是拿诺贝尔文学奖那位，他之前做过这个。围棋比赛里面这些细节，都是很有故事的事情，我一定不会错过的。

记者：这次作为裁判主要任务是什么？

樊麾：主要就是下完了数棋吧（笑）。当然，如果中间李世石有什么疑问也可以马上问我。

记者：你觉得李世石能为你"报仇"吗？

樊麾：我没法预测，我对媒体都这么说。这是真的。如果AlphaGo停留在半年前跟我比赛那个水平，那它对李世石毫无胜算。但是它最强大的地方就是学习能力，DeepMind过去这几个月都在努力让它变得更强大。

记者：你应该有参与到其中吧？能跟我们透露一些吗？

樊麾：我们签了保密协议，所以这个没法回答了。（那你中间见过Deep-Mind的人吗？）见过，只能说这么多了（大笑）。

记者：好的。我们换个问题，从输了比赛到消息曝出来中间隔了三个月，你都没法跟任何人说这件事，这段时间是怎么度过的？

樊麾：这种感觉是挺难受的，就是全世界，就你一个人知道了这个惊天秘密，你又没法跟别人分享。中间还碰到一个挺有意思的事。11月份在法国有一个围棋的冬令营，其中有一个韩国老师，吃饭的时候兴高采烈地跟我们说，我最近跟CrazyStone打，让三个子我还赢了。我在那里心里是偷笑，心想你们都没见识过AlphaGo呢，但是什么也不能说啊，只能低头吃饭。另外我在网上查了很多关于人工智能的东西，进一步了解吧，然后基本上该怎么过怎么过。

　　**记者：**有一种说法是，即便这次 AlphaGo 赢不了李世石，下一次，下下次，或许几年后人类棋手就完全不是它的对手了，就像当初的 IBM 深蓝一样，作为一个靠围棋吃饭的人，你会有这方面的担忧吗？

　　**樊麾：**不会。我觉得现在人类对围棋的理解不超过 10%，咱们自己都不了解什么是围棋。围棋是一个典型的东方的东西，最简单，但是最有力量。如果人工智能能帮助我们更好地理解围棋，我不觉得是一种威胁。而且往近里说，自从这个事情出来之后，整个欧洲国家，基本上每家的官网，当月的访问量都是前一个月的十倍。这对围棋运动的推广来说绝对是一件好事啊。

　　**记者：**所以你对人工智能的发展也是抱着一种乐观态度？

　　**樊麾：**可以这么说吧，我觉得我们不会让人工智能的发展威胁到人类。你现在反过头来看历史上的那些发明，照相机、火车、轮船，照相机刚发明的时候被当成巫术，现在想想多么可笑啊，我觉得人工智能也和这些没有区别。你想想，我们每年发生的自然灾害有多少。人类面对这些灾害有多无助，这还只是局部的灾难，如果某一天有了全球性的灾难怎么办？也许到时候人工智能真的能帮助到我们。

　　你说有没有可能发展成为《黑客帝国》里那样的，当然有可能，可能性多大，谁也不知道，但你不能因为这个就止步不前。而且人工智能和人不一样，它对权威没有任何概念，它的脑子里没有生存、权力、金钱这些概念。它为什么要跟人搞事？我觉得人工智能只会是保护人的利益，一起建造更好的文明。

（腾讯科技　俞斯译）

# 阿尔法围棋挑战欧洲围棋冠军樊麾二段五番棋第 1 局

**黑方 樊 麾（二段） 白方 阿尔法围棋（AlphaGo）**

2015 年 10 月 5 日弈于英国伦敦 黑贴 $3\frac{3}{4}$ 子

**第 1 谱 1-20**

在本局人类棋手与阿尔法围棋（AlphaGo）对弈之前，整个围棋界对电脑下围棋的认知还停留在电脑要被人让数子的概念中，可以说电脑不堪一击，故对其不屑一顾，若要真正达到与人类顶尖棋手对抗，还有很长一段路要走。

本局是五番棋的第 1 局，赛前商议，规定双方限时 1 小时，采用读秒制，采用中国规则，双方不论输赢必须下满五局。

黑 1、3 二连星开局，白 2、4 以星小目应对。黑 5 至白 10 是常见的定式，双方下法平稳。

黑 11 挂时，白 12 一间夹紧凑。黑 13 至 19 又是局部的常见下法，似乎双方都在"背书"。

白 20 紧逼，体现了电脑积极求战的构想，也是一步先手棋。

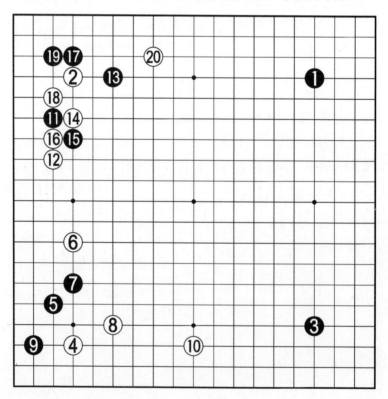

**第2谱 21-40**

黑21跳补稳健。白22挂、黑23小飞也是一种求稳的下法，白24飞角是常见定式。

黑25至白28，黑先手定形是黑棋的权利，但也可暂时保留不走。黑29回手尖角，白30拆二，电脑稳扎稳打，双方下法并无新意。

白32尖与黑33尖交换，也是常见下法。白34拆二兼挂角，有一定的想法，黑35若脱先，则白留有A位大飞进角，目数极大。因此黑35尖补。

白36以碰的方式打入黑阵，显示了电脑在右边无打入的好点选择时，采取的积极下法。

以下至白40拐，可以说白打入右边成功。

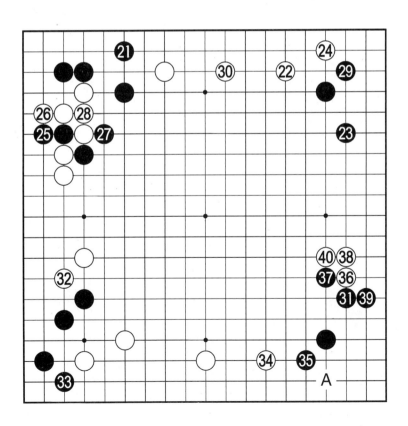

**第3谱　41－60**

黑41长必然。白42拆二，平稳地分割了黑右边，至此双方几乎无任何作战，进入了漫长的细棋收官之路，电脑并无明显错误。

黑43打入是大棋，也是欲挑起战斗与白一决高下的地方。但白44压至50长，简明应对，黑并无借劲之处，只好于51位联络回家。

白52飞至56确保右边活棋，并以此收官，感觉双方都无求战欲望，软绵绵的。

黑57爬二路与白58交换有疑问，在局面如此空旷时作这种交换，黑在大势上显然不利。

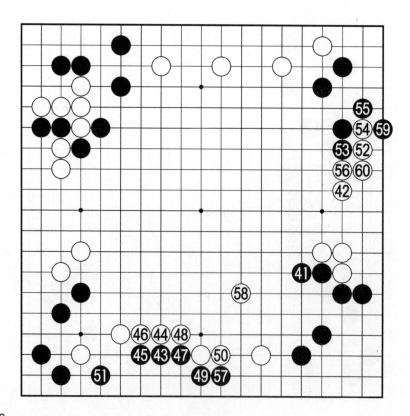

**第4谱 61-80**

黑61挡角极大，且关系到自身的根据地。白62跨出，寻求作战，显示了阿尔法围棋抓住黑棋弱点的能力。

在上边无合适应对时，黑63靠，但白64扳至黑67时，黑并无所得。白68团意在分断黑棋。

黑69压时，电脑白70在中腹下子，意味深长，不可捉摸。以下至白80冲，黑极为痛苦。

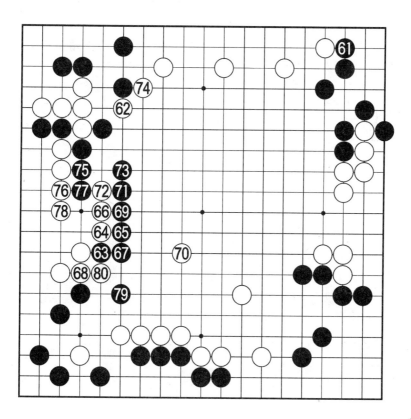

**第 5 谱　81 - 100**

黑 81、83 只得联络回家，但白下完 82、84、86、88 几子后，再于 90 位封锁，全局形势白已领先。

以下进入收官阶段。白 92 尖机敏，黑 93 只得挡。白 94 至 100 压，黑已处于败势。

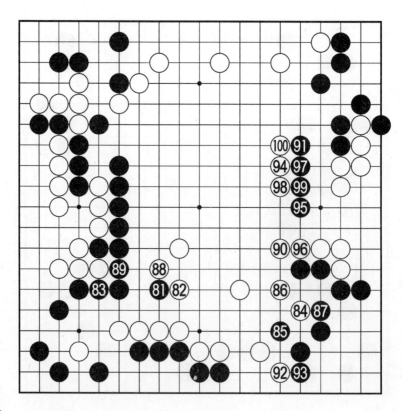

**第6谱**　101－120

黑101、103 扳长不得已，否则白于 A 位扳，黑无法忍受。黑105 挤与白106 立交换是损棋。

以下双方在右上的交换过程中，阿尔法围棋掌控局势的进程。至白120，白全局厚实，目数且多，黑棋已无胜望。

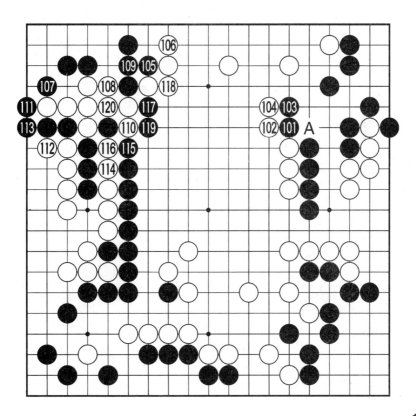

**第 7 谱** 121 –140

黑 121 跳是此时眼见的大棋，否则白在此处飞，中腹白将围起不少空。

白 122 至 126 是局部收官巧手，电脑能下出这样的棋，确实令人刮目相看。白 128 顶是厚实的一手。黑 129 应在 132 位顶住围空。

白 130 靠是精妙的收官手筋，令人叹为观止，说明阿尔法围棋计算的能力非常强大。

黑 131 只此一手。白 132 至 134 顺势收官，着法紧凑有序。

黑 139 拐时，白 140 跳是先手。

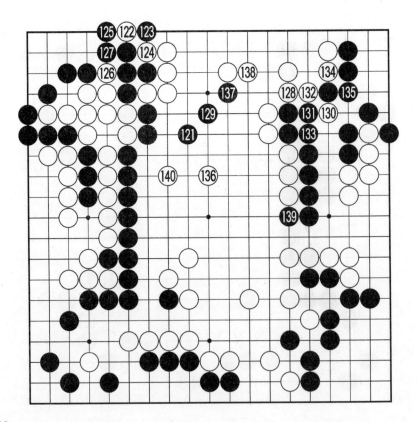

**第8谱**　141－160

白142至146顺势围住中腹，确保万无一失，但白146可于A位扳。

黑147扳极大。白154、156是阿尔法围棋的重大失误，角上无棋等于送死，白失去了右边扳的收官利益。此处的误算，说明电脑还是存在弱点的，并非无懈可击。

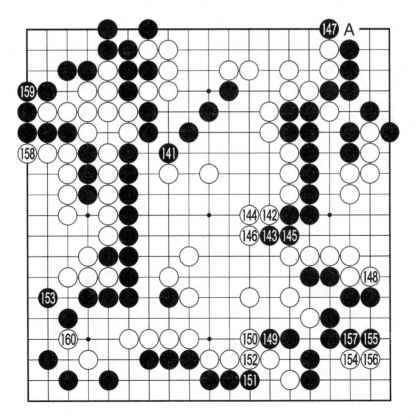

**第9谱　161－180**

黑161挡必然。白162以下收官应为一般分寸。至白180挡，全局判断可以确定，不出意外，白已获胜。

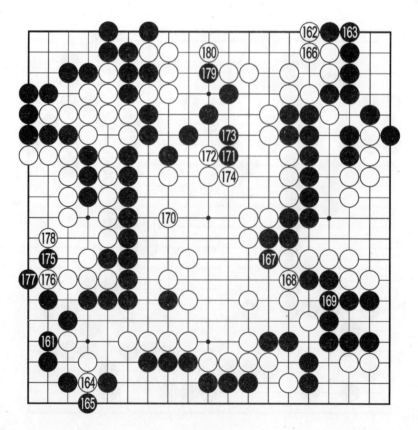

**第 10 谱　181－200**

黑 181 尖顶，白 182 扳均属正常下法，但黑 183 挖时，阿尔法围棋出现官子误算，白 184 显然应于 185 位双打，以下黑 189、白 184、黑 187 冲出，白于 A 位顶，这样收官比实战便宜。

黑 195 顶时，白 196 打必然，黑 197、199 连回也大。

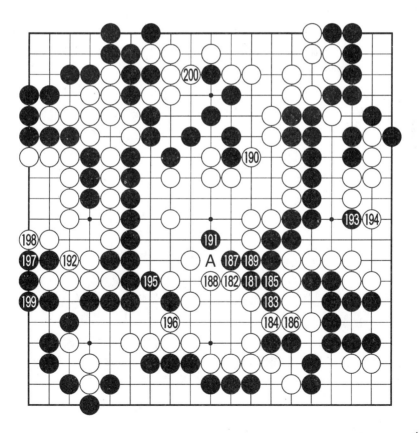

**第 11 谱　201 - 220**

进入本谱，双方正常收官，已不影响胜负，白取得胜利已成定局。

2016 年 1 月 28 日，对于围棋界来说是一个无法忘怀的日子，一条在社交群中流传的"预告"震惊了围棋人。这条预告，说的是历史悠久的顶级科学学术杂志《自然》正式刊登谷歌 Deepmind 团队的《以深度神经网络和树搜索掌握围棋》论文，并登出了阿尔法围棋（AlphaGo）战胜欧洲围棋冠军樊麾二段的五局棋谱。

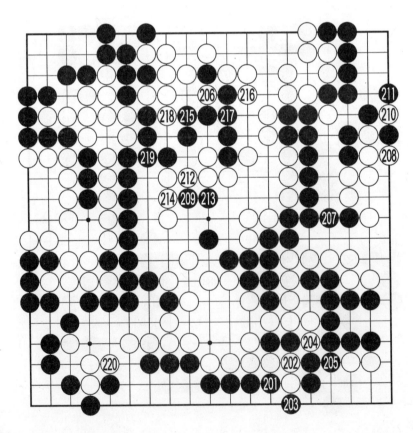

**第 12 谱 221－240**

无独有偶，2015 年 11 月 11 日，美林谷杯首届世界计算机围棋锦标赛在中国北京举行，著名围棋程序如日本 zen、韩国 Dolbaram 等悉数参赛。

由于单纯依赖蒙特卡洛算法，在形势判断、复杂计算与避免严重失误等方面与人类无法抗衡，夺冠的 Dolbaram 在"人机大战"中被中国棋手连笑七段从让四子打至让六子方才获胜。因此，无论是职业棋手还是中国的人工智能专家，都对"机器赢人"持悲观态度。

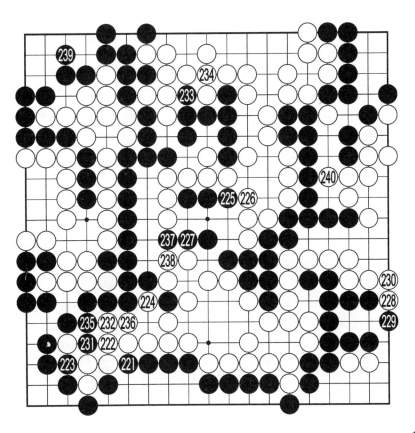

**第 13 谱　241 - 260**

2015 年，谷歌（Google）以 6 亿美元收购的人工智能公司 Deepmind 在英国伦敦启动围棋人工智能计划。

蝴蝶振翅，沉浸在"人类智慧高峰"自尊中的围棋界浑然不觉。电脑下棋从只有让子才能与职业棋手对抗，到分先战胜欧洲围棋冠军，已经是人工智能的巨大突破。

作家马伯庸 2015 年 1 月 29 日发微博称："电脑战胜樊麾的意义，比电脑和李世石之战意义更大。人类的智力差异很小，但电脑的升级换代太快。只要出现一次电脑战胜人类职业棋手的事，以后的趋势便不可逆转。"

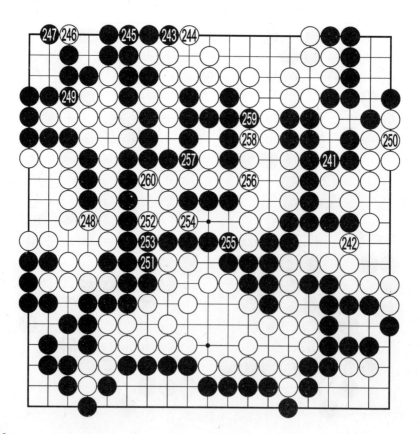

**第14谱 261-272**

阿尔法围棋将蒙特卡洛树搜索与深度神经网络结合起来,其中"策略网络"(用于选择走法)与"价值网络"(用于评估优劣)发挥重要作用。直观地说,与此前"被动接受知识"的围棋程序不同,横空出世的围棋人工智能阿尔法围棋能够在已有知识的基础上"自我学习",不断提高。

自从谷歌公布了阿尔法围棋分先击败樊麾二段的棋谱后,围棋界也开始认真探讨围棋人工智的实力。

尽管如此,绝大多数职业棋手认为2015年10月时的阿尔法围棋只具备中国"冲段少年"的实力,对抗李世石还为时尚早。

共 272 手 白胜 $1\frac{1}{4}$ 子

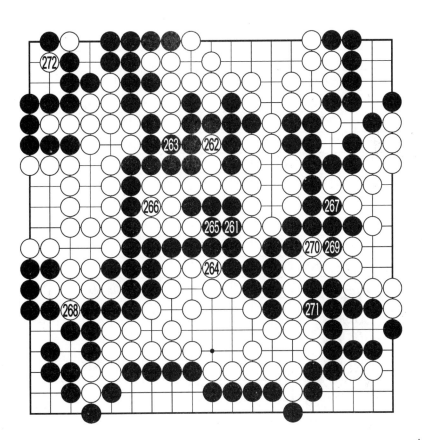

# 阿尔法围棋挑战欧洲围棋冠军樊麾二段五番棋第2局

黑方　阿尔法围棋（AlphaGo）　　白方　樊　麾（二段）

2015 年 10 月 6 日弈于英国伦敦　　黑贴 $3\frac{3}{4}$ 子

**第 1 谱　1－20**

本局是五番棋的第 2 局。第 1 局樊麾布局平稳，想以此获胜，但未能如愿，本局樊麾改变了策略，准备与阿尔法展开攻杀。

黑 1、3 二连星开局，以取势为主，可以想见阿尔法围棋的特点是喜欢"势"。黑 5 高挂，白 6 托时，黑 7 选择了较为复杂的"雪崩型"定式，说明电脑并不惧战。

白 16 内拐是吴清源先生创造的新手，被称为"革命定式"，流行数十年。以下至白 20 是必然的进行。

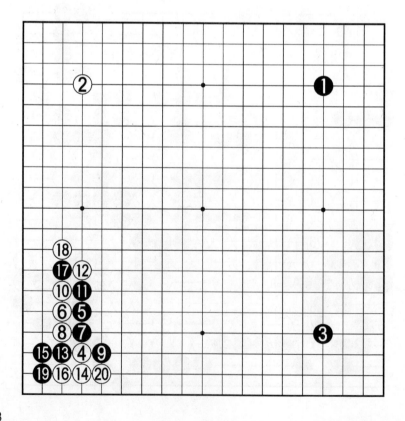

**第 2 谱** 21 - 40

黑 21 立至白 24 挡是大雪崩定式的唯一下法。黑 25 长是征子有利时的下法。

白 30 如在 33 位急所点方，以下黑 32 扳，白 31 挡，黑 30 位挡下，白 A 位扳挡，黑 B 位接，白 C 位扳，黑 D 位拆二，这样角上留有缓气劫争。黑 31 点是坏棋，应保留在 32 位扳的手段。

白 40 罩，欲大攻黑棋，樊麾准备与阿尔法围棋展开攻杀。

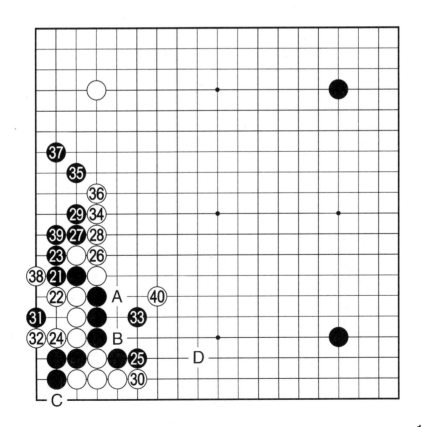

**第3谱 41—60**

黑41跳时，白42可脱先，比如在A位攻黑或B位分投等。如谱直线攻黑太露骨，毫无胜算。

黑43爬时，白44也应于46位轻灵地跳，这样快黑棋一头。白46恶手，如果要强力攻黑也应于C位挖，然后于48位冲断。

白46压后再冲断，已失去了47位的征子。白54以下在此强行与黑作战已处于不利地位。

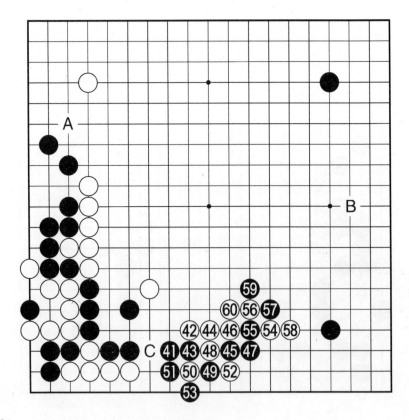

**第4谱　61－80**

黑61补必然。白62靠，显然缺乏计算，被黑63、65顶断，白棋已陷入困境。由此可见，樊麾赛前制定的攻杀策略已宣告失败。

其实白62改于63位打，白72粘，黑再73位贴出作战；白62或于65位尖，黑72位粘，白62贴下的下法也是可行的。

白66以下的着法完全是在送死。至黑71扳，白五子被吃，白大亏。白72断至白80仅在中腹构成并不算厚的外势，而黑棋却在右下角围起了近35目的大空，黑实空已经领先。

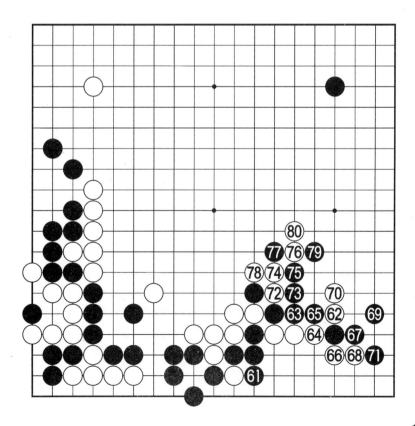

**第5谱 81－100**

黑81粘时，白82也应先于84位拐，以弃子方式在外面构筑外势，同时保留角上的做活余味。如谱扳角，被黑83、85断吃三子，白角"无疾而终"。

白86立落后手不得已，否则黑在此扳，中腹白棋弱点立即出现。

黑87应在89位贴出，如谱下法是缓手。白88可在A位封锁，这样可最大限度在外筑起模样。

黑93时，白94应在98位顶住，如谱被黑97、99吃掉两子，黑厚实无比，黑左边这块棋已无死活之忧。

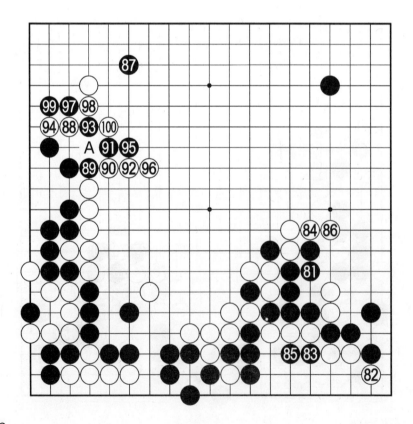

**第6谱 101 -120**

白102 至黑105 是白棋的权利。白106 肩冲，还得为左上角白棋的死活担忧，实属无奈。

黑107 至115，黑白双方均在上边获得安定，但白实空已不够，全局黑的目数已领先。

白116 至120 围中腹，以此作为争胜负的地方，但白中腹到底能围住多少实空，还是个未知数。

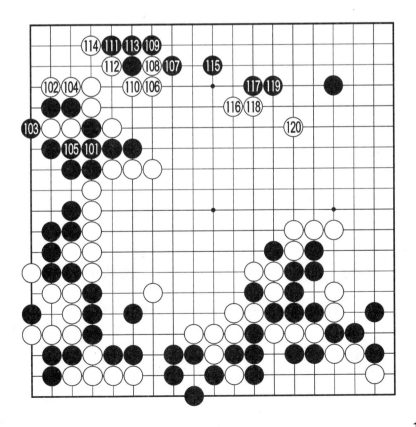

**第7谱 121－140**

黑121跳是大棋,既可在角上围地,又能静观白中腹如何构围,是冷静的一手。

白122以下至白136在黑角上做活,以寻求全局在实空上的平衡,但黑全局每块棋都非常厚实,又取得了先手,下一步如何消侵白棋中腹是阿尔法围棋能否掌控全局的关键。

黑137、139决定循序渐进地侵消白中腹,这也许就是阿尔法围棋在对全局作了精准的形势判断后,制定出的战略方针。

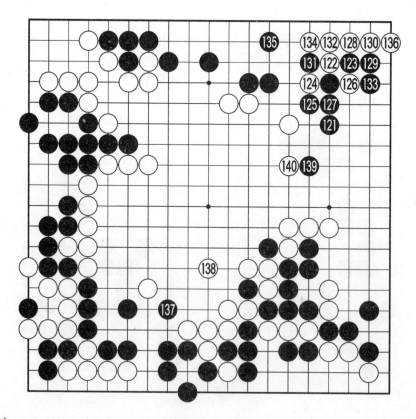

**第8谱** 141－160

黑141扳时，白142断非常勉强。黑145贴出也是基于循序渐进压缩白空的方针而选择的下法。白146不得已。

黑147肩冲侵消是与右边黑141扳出有关联的着法。白148以下只有考虑如何切断黑棋的归路。白148冲时，黑149飞，展现了电脑轻灵的转身着法。

白160断，已是骑虎难下。

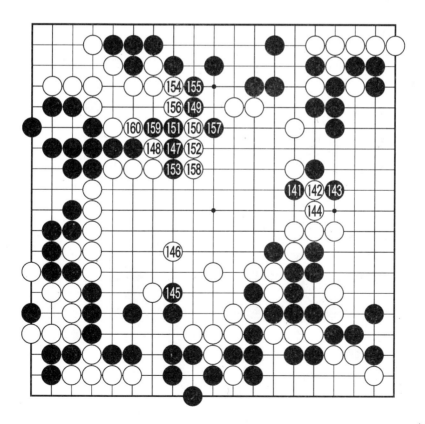

**第9谱 161－183**

黑161长出后，白已成裂形，前途已凶多吉少。因右边白形太坏，白162还需补棋，黑163以下先下手对左边白棋进行攻击，白棋已无还手之力。

以下至黑183，中腹黑白形成双活，白中腹被破，遂投子认输。

综观本局，阿尔法围棋在中盘作战的计算上远胜于樊麾二段，因此樊麾二段赛前制定的攻杀寻求胜机的策略并未奏效。

共183手　黑中盘胜

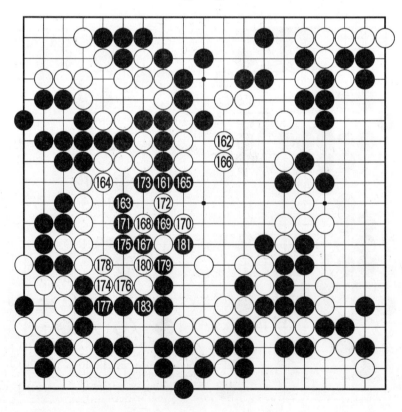

# 阿尔法围棋挑战欧洲围棋冠军樊麾二段五番棋第3局

**黑方　樊　麾（二段）　白方　阿尔法围棋（AlphaGo）**

2015 年 10 月 7 日弈于英国伦敦　黑贴 $3\frac{3}{4}$ 子

**第 1 谱　1—20**

本局是五番棋的第 3 局。本局樊麾二段会采用什么策略来对付阿尔法围棋的挑战，大家拭目以待。

黑 1、3、5、7 以"变相中国流"开局，试探电脑的虚实。白 8 分投，以谱着应对。这时黑 9 主动碰靠，较为少见，欲与白展开纠缠，观其如何应对。白 10 扳、黑 11 退、白 12 粘、黑 13 拐均属正常。

白 14 挂时，黑 15 的下法有点异样，也许是想以此独特下法考验阿尔法围棋的应变能力。白 16 "双飞燕"攻黑，再于 18 位点角华丽转身，体现了电脑灵活的变通手法。

黑 19 打入，欲挑起战端，但白 20 毫不犹豫压住。

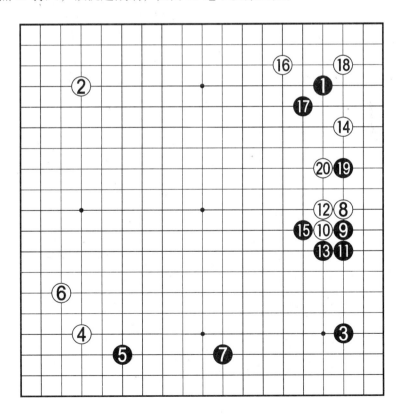

**第2谱 21—40**

黑21的下法显然过分，被白22立下，黑棋右边受损。黑21可考虑于25位扳出与白作战。

白36应于A位单跳，简单向中腹出头。如谱被黑37、39连扳，下边黑空逐渐实地化。

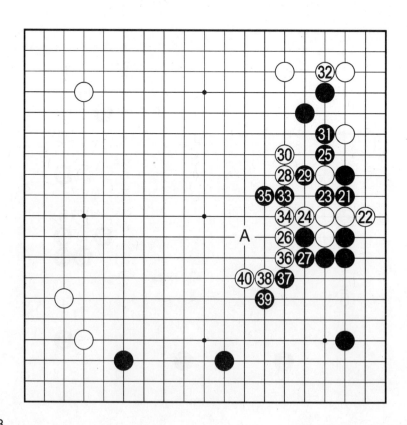

**第3谱　41—60**

黑41粘必然。白42以下至46的下法，显得电脑似乎"一根筋"，这种下法在职业棋手看来完全是俗手，把棋的变化全部走尽，使黑棋下方缺乏余味和可变性。

白48靠，被黑49扳，电脑试应手好像找不到活路，又另寻其他手段，感觉前后思路并不连贯，至黑59断，白毫无所得。

白60扳大损，等于送死。

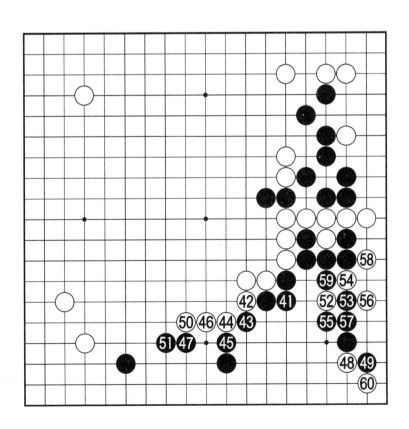

**第4谱 61-80**

黑61挡，白棋在角上仍不能做活，黑在下边围住了50目大空，此时黑形势不错。

白64断，准备利用外势对黑两子进行攻击，但黑65尖行棋方向错误，是大恶手。此手应于A位飞压，走畅右上角黑棋。

白66跳恰到好处，黑由此产生了两块孤棋，陷入了被缠绕的境地。黑67并也不好，这里总是黑棋的先手，应保留变化而于68位向中腹跳出，以后可于B位飞，击中白棋要害。如谱被白68镇，黑苦战。

以下至白80立，黑只有想办法做活。

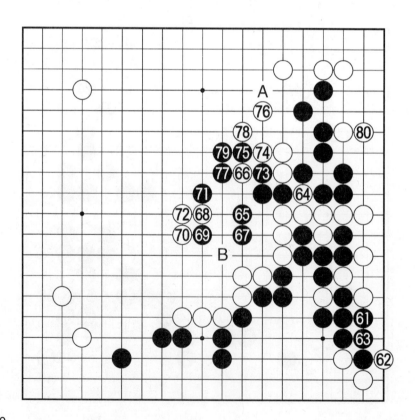

**第 5 谱 81 - 100**

黑 81 以下只有寻求做活。白 92 顶，也许电脑判断已杀不掉黑棋，而采取的自补。

黑 93 飞是大坏棋，因右上角黑必须于 95 位挖，才有可能做活。如谱黑 93 飞，被白 94 打，黑大棋已成劫杀。黑 97 找劫材也是匪夷所思，肯定也应该下 A 位碰之类的棋。

至白 98 消劫，黑右上大棋被吃，黑已大败。据说，阿尔法围棋的设计有尽量避免劫争的特点，但此局却不惧劫争，说明它还是比较全面的。

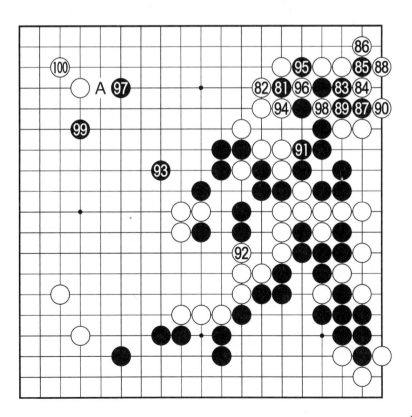

**第 6 谱　101 - 120**

黑 101 封锁时，白 102 拆二相当稳健，由此可以推定，电脑确认全局已经处于优势地位。

黑 103 点角至 109 粘可以说是目前最大的官子。白 110 再拆二，稳步推进。黑 113 尖时，白 114 托至 118 委屈连回，再次证明阿尔法围棋对全局形势的正确判断。

黑 119 开拆是大棋，但白 120 挖断黑一子也非常厚实。

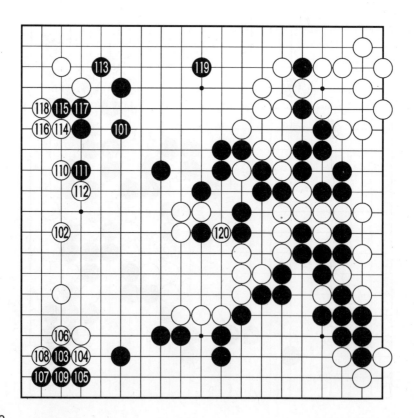

**第7谱 121－140**

黑121、123是局部收官好手。白124碰，先寻求在上边的定形，然后回过头来完成132至136的定形，阿尔法围棋收官滴水不漏。

黑137连扳的下法，普通于139位退，但黑因形势已不行，总想制造一些事端。白138打、140冲，黑并无所得。

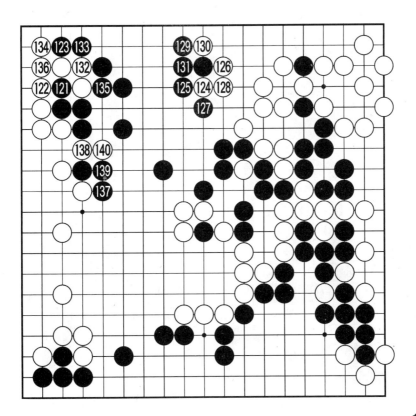

**第8谱 141-166**

黑141以下索性"破罐子破摔",任凭白146冲出。黑149扳时,白150挤是阿尔法围棋下出的局部好手,令人叹服。黑151粘不得已。

以下至白166长,黑大龙被杀遂推枰认输。

综观本局,白棋在右下角出现明显错着,而黑棋也将右上角全部走死,双方错进错出,人们不禁产生疑问,阿尔法围棋是否是"遇强则强,遇弱则弱"呢?

共166手 白中盘胜

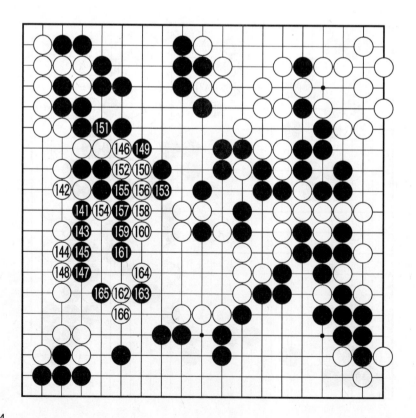

# 阿尔法围棋挑战欧洲围棋冠军樊麾二段五番棋第4局

**黑方　阿尔法围棋（AlphaGo）　白方　樊　麾（二段）**

2015 年 10 月 8 日弈于英国伦敦　　黑贴 $3\frac{3}{4}$ 子

**第1谱　1—20**

本局是五番棋的第4局。樊麾二段在前三局的对局中，尽管采用了不同的策略，但仍均以失败告终，人们不得不对阿尔法围棋刮目相看。

黑1、3、5的下法与第2局的一样，但此时对白6托，黑7、9采用扳虎是最为简单的定式。白10拆一时，黑11开拆完全按照定式的模式行棋。

白12逼，黑13跳极为稳健，意在防止白A位打入。白14应于B位分投，这里是全盘最大的地方，如谱被黑15下成三连星，黑连成一片，这也许正是阿尔法围棋最擅长的。

以下至白20，应是黑棋满意的布局。

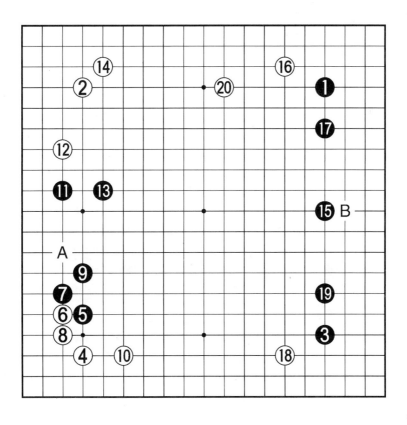

**第 2 谱 21-40**

黑 21 尖顶再 23 夹击,阿尔法围棋展开了强烈攻击。白 24 肩冲、26 跳,希望快速向中腹出头。但不管如何,白棋形都较薄弱,容易受到黑棋攻击。

黑 27 挖、29 粘是厚实的下法。白 30 粘时,黑 31 飞一边扩大外势,一边攻击白棋,行棋步调甚佳。

白 32 打入过强,被黑 33 抓住机会分断强攻,白棋陷入苦战。其中白 34 尖顶是大损着,被黑 35 硬长出头,黑舒畅。

白 36 至 40 希望求得联络,但终究不能如愿。

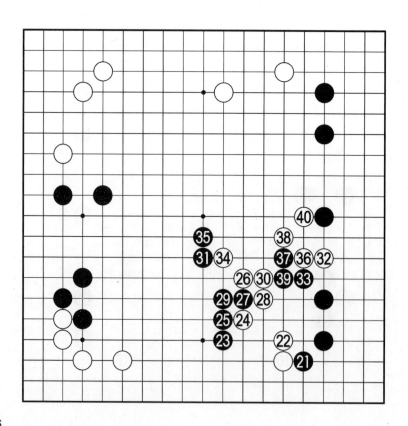

**第3谱　41－60**

黑41、43连扳，分断白棋对其上下进行攻击，也许是阿尔法围棋的独门绝活，白棋上下难以兼顾，由此陷入了被动挨打的局面。

白44扳时，黑45打，白棋已呈败势。

黑47完全可以于A位尖，痛杀白棋，白棋凶多吉少。如谱黑47粘，放白48一条生路，这也许是电脑求稳获胜的最高胜率选点。

以下至黑59，黑确保在角上做活，全局厚实已无破绽。

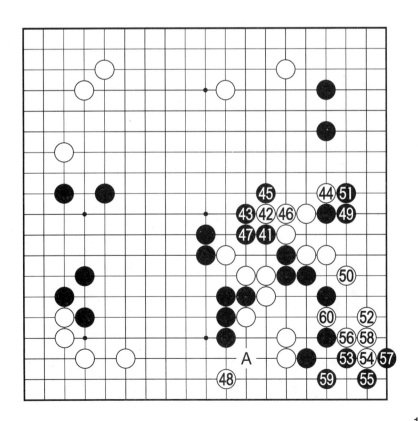

**第4谱 61-80**

白62挡时，按照"逢劫先提"的原则，黑棋一般于A位提劫，但此时此处黑63直接粘却是正确的，因为黑如果A位提，白仍可脱先，以后白△提回则可能倒反是一个劫材。由此可见，阿尔法围棋在劫争的处理上也是比较精到的。

黑69挤时，白形势已不利，无论如何应于79位打，一则可考验电脑是否敢于开劫，二则在此打到已先手便宜2目。

白76实为大俗手，也许是黑棋试探电脑如何应对的一种下法。黑79立，是收官先手，展现了阿尔法围棋的精细。

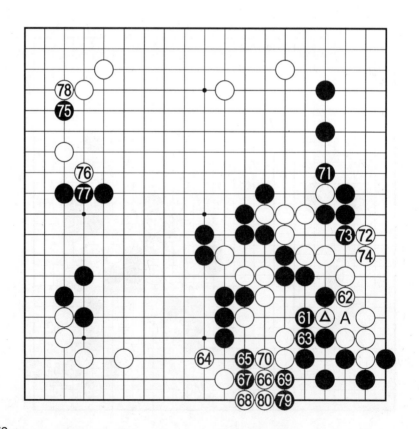

**第5谱　81－100**

黑81打入严厉，对此白82只好寻求如何与左边联络。白82托、84断后，黑85以下至黑97先手把白空掏掉，而白棋几乎单官联络，苦不堪言。

黑99打入上边，这是全盘最大之处，黑棋只要顺利将打入之子安定，白就无法与黑抗衡了。

白100尖顶搜根必然。

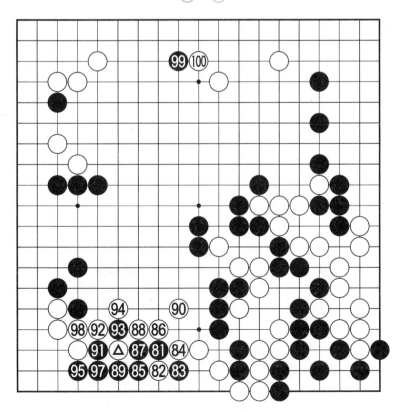

**第6谱 101-120**

白102飞时，黑103打入再次击中白棋软肋，白应手困难。白104尖，企图阻渡和谋求与右边白棋联络，但黑105顶再先手于107位扳、109位跳，白已无法联络，因此白110至114尖角形成转换。

黑115与白116先手交换之后，综合判断全局形势，阿尔法围棋选择了黑117坚实地补棋，电脑也许认为，此着是目前最高胜率之点，从职业棋手的角度来分析确实也是如此。

白118扳挡时，黑119是收官好手。

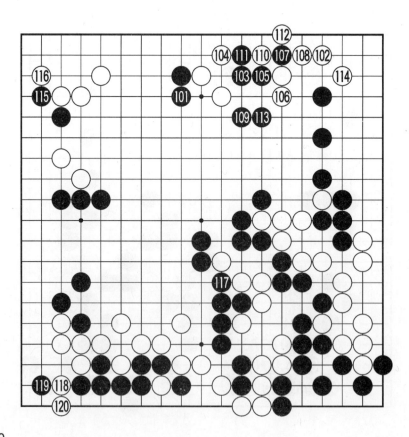

**第7谱 121－140**

黑121以下至125定形收官，又向胜利迈进了一步。黑127、129、131构围中腹，棋盘越变越小了，而黑棋优势却越变越大了。

白134时，黑135也可于138位跳，继续大围中腹，而上边两个黑子也不会死。如谱黑135贴有逆方向之感。

白136以下至140顺势向黑中腹挺进，此处阿尔法围棋在方向感上欠佳。

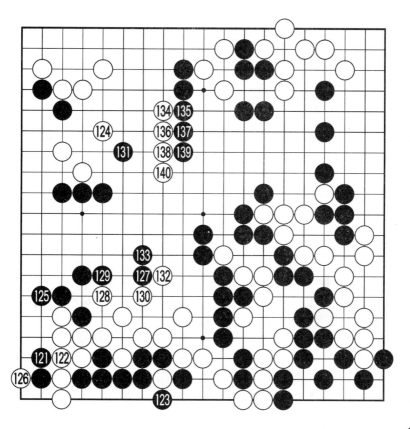

**第8谱 141-165**

黑143时，白144可直接于146位联络，如谱托反而使棋变重了。

白148扳、白150虽渡过，但白左上角因气较紧，反而生出棋来。黑151扳至黑165断，白已无后续手段，遂投子认输。

如继续下下去，白虽可于A位打形成劫争，但全盘白并无劫材，白也不行。

樊麾二段再次领教了阿尔法围棋的厉害。

共165手 黑中盘胜

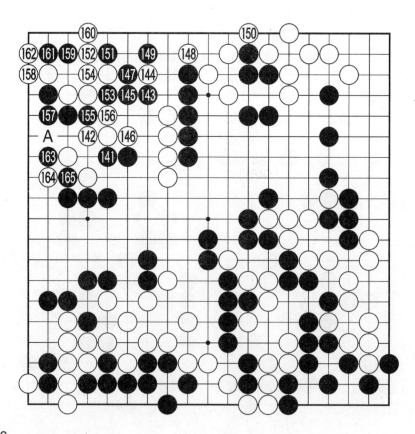

# 阿尔法围棋挑战欧洲围棋冠军樊麾二段五番棋第5局

**黑方　樊　麾**（二段）　　**白方　阿尔法围棋**（AlphaGo）

2015 年 10 月 9 日弈于英国伦敦　　黑贴 $3\frac{3}{4}$ 子

**第 1 谱　1-20**

本局是五番棋的第 5 局。

樊麾二段执黑，再次以"变相中国流"开局，以下至白 20 的下法完全与第 3 局一模一样。在第 3 局当中，阿尔法围棋曾出现过失误，一度造成樊麾二段领先，因此樊麾决定再以此下法试验之。

一般来说，职业棋手下棋，各自对布局阶段认定的好手或不错的局面都比较自信，这种重复的局面也时常可见，但电脑对自己的下法也自信满满，带有人类情绪化的着法，则令人有所不解。

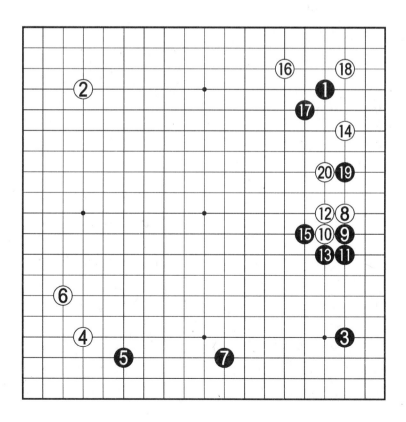

**第 2 谱　21 - 40**

黑 21 开始变招，由此可见，樊麾二段对第 3 局黑顶的下法是不满意的。黑 21 挡，与白 22 交换后再于 23 位扳出，与白作战。

黑 25 打、27 立、29 贴，选择了弃子将白封锁的策略，不失为一种明智的下法。

白 30 时，黑 31、33 飞压是大势上的好点。黑 35、37 构成好形也可以满意。

白 38 低挂是大棋，优于 A 位高挂，避免黑在此形成大空。

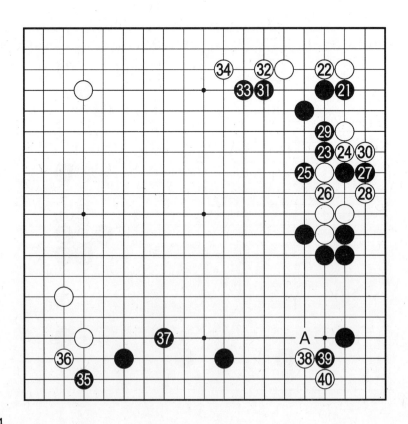

**第3谱　41－60**

黑41应于50位挡，确保黑角实地，同时白两子因较弱，还需想法治孤做活，这样黑可以在攻击中得利。如谱黑41上扳，至白52让白轻松做活并掏掉黑角，而且黑的外势并不算厚，黑在此的作战失败。

黑53后手紧紧封锁白棋是极厚实的一手，以下对白棋还有A位的后续手段。

白56以下至白60腾挪，黑要不付出代价吃掉这几个白子已经不易。

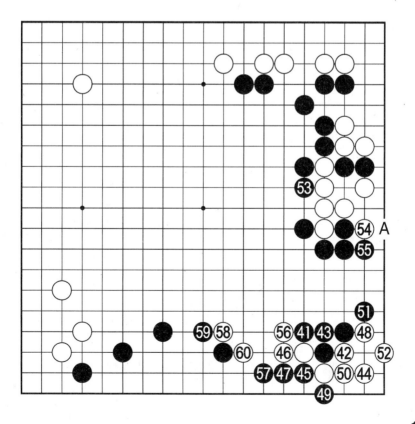

**第4谱　61—80**

黑61挡不得已。白62、黑63交换后，白64靠，又在左边腾挪，黑应手困难。由此可见，阿尔法围棋非常擅长作战。

对此，黑65若于66位挡，以下白76位打，通过弃子可以把黑棋紧紧封住，在外面构筑一道外势，黑棋显然不利。

黑65硬长，不给白棋借劲是一般分寸，但被白66冲下，左边黑两子被割下，黑实地大损。

黑67以下着法变调，双方在此展开了战斗。黑73打时，白74尖，电脑出现失误，白74应于A位打劫。黑75理所当然应于B位扳，吃掉白棋，这样全局黑好。如谱黑75在下边落了后手，右上边白78冲、80断打，局面复杂化了。

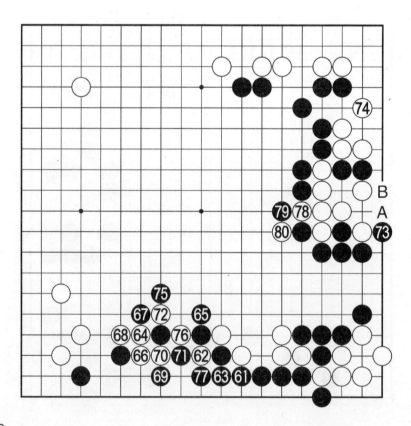

**第5谱　81－100**

黑81以下双方势成骑虎，作战进入白热化。白88压是"形"，至白92飞，白大块已基本逃脱。黑93继续攻击已不明显得利，应于94位冲下，吃掉白四子极大，如此黑还可以保持全局实地的均衡。

白94渡过，而置中腹白大龙于不顾，也许阿尔法围棋已经计算到大龙是活棋。

黑95尖是攻击要点，但杀棋比治孤更难，黑棋面临着严峻考验。

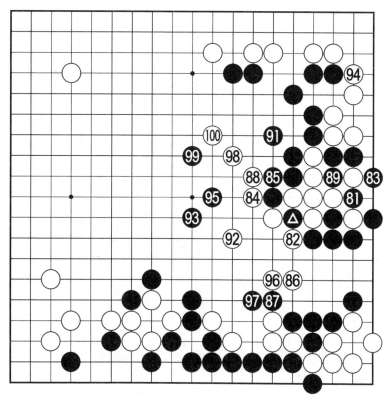

**第6谱** 101－120

黑101飞似乎有松懈之感，可考虑于A位压，采用"声东击西"的策略来攻击白棋。如谱直线攻击并无成算。

白102贴出至白120双，白棋顺利脱逃。过程中，白116跳是好手。

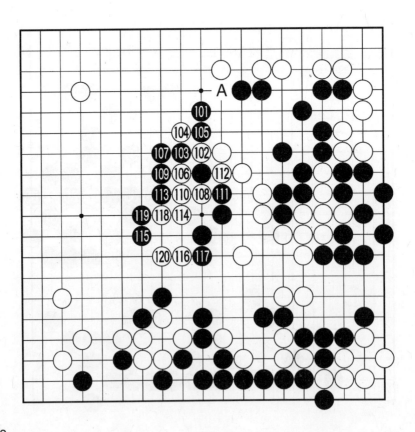

**第7谱** 121－140

黑121打，意在防白A位扳。白122尖，大龙已安全连回家，全局已无后顾之忧。

黑123枷是必然的一手。白124大飞守角，全局目数白已领先。

黑125贴考验阿尔法围棋的"神经"，如谱至白132跳，白大龙安然无恙。黑133得到痛快先手打，也非常愉快。为了寻求全局实地的平衡，黑135点角是全盘最大之处。

白136挡，方向正确。白140连扳有力，体现了电脑并不惧战的下法。

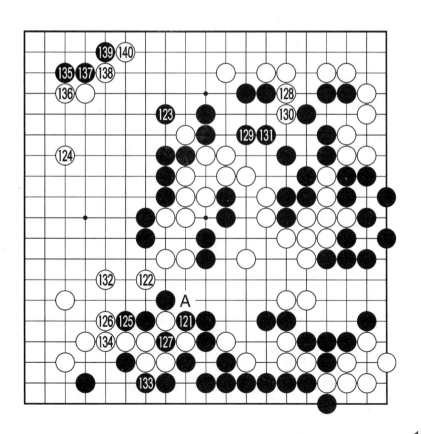

**第8谱** 141－160

黑145虎时,白146打,阿尔法围棋毫不犹豫选择打劫,令人惊叹。其实白棋只要先于158位刺与黑159位交换,再于A位征打即简单取胜。

阿尔法围棋具有深度计算功能,也许此时认为,打劫也是一条取胜之道。这是阿尔法围棋主动要求打劫的少有棋例。

以下劫争至白160是正常的进行。

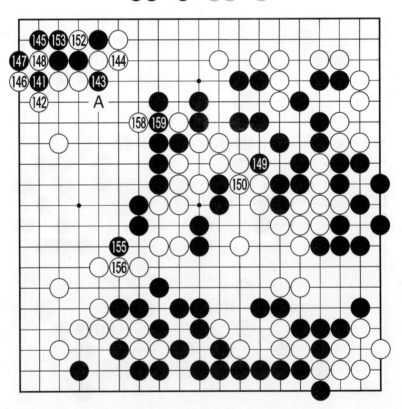

**第9谱　161－180**

黑161断也许是最后一个劫材，白162必然。

白164断寻劫时，黑因已无合适的劫材，故于165位消劫。白166断，黑四子被吃，并且原来被围的白三子"复活"，一来一去的目数价值极大，黑败局已定。

白176尖官子极大，并且留有A位靠的后续手段。

黑177、179企图最后挑起事端。

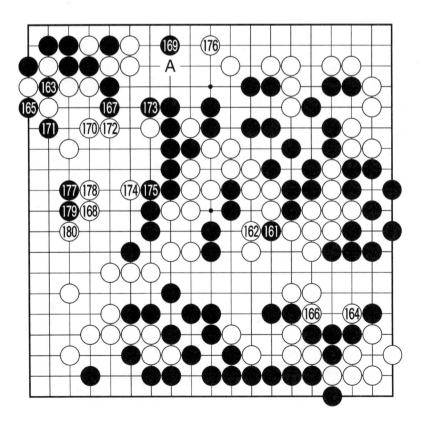

**第 10 谱　181－200**

黑 181 尖回不得已，此手若于 182 位扳，被白 181 位尖，黑必死无疑，也可以说这两点是见合。

黑 183 顶后，白 184、186 先手定形，再于 188 位冲至 192 吃掉黑两子，黑棋盘面目数已不够。

从以上阿尔法围棋官子的收束定形中可以看出，电脑的官子功夫真是滴水不漏，一步一步向胜利迈进。

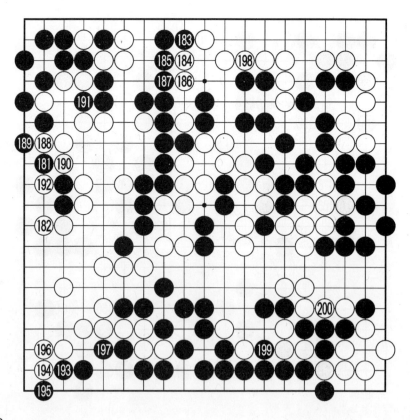

**第 11 谱　201－214**

进入本谱，只要阿尔法围棋不发"神经"，正常进行收官就可确保胜利。

黑 201 尖时，白 202 提的官子价值明显小于 203 位抱吃一子，是电脑认为黑在此处可以逃出，还是认为已经稳胜则不拘泥于小处了？据说电脑没有这种选项。这是电脑在官子阶段出现的明显错误。

至白 214 挖时，樊麾二段推枰认输。

至此，阿尔法围棋挑战欧洲围棋冠军樊麾二段的五番棋以樊麾二段 0 比 5 失败告终。2016 年 1 月 28 日，谷歌在世界知名杂志《自然》公布这一消息时，棋界一片哗然，引起巨大震动。

共 214 手　白中盘胜

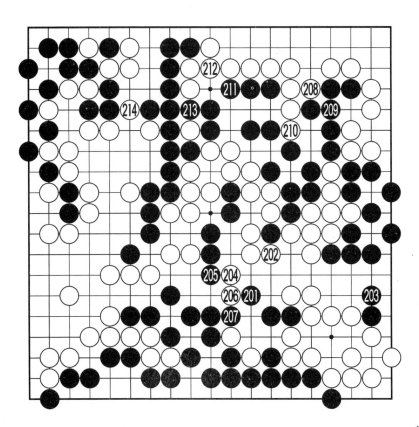

# 第七章

# 阿尔法围棋对李世石九段对局详解

# 阿尔法围棋挑战世界围棋冠军李世石九段五番棋

围棋一直被视为人工智能最难破解的游戏。就在今天（2016 年 1 月 28 日）《自然》杂志以封面论文的形式，介绍了 Google Deepmind 开发的人工智能程序阿尔法围棋（AlphaGo），它以 5 比 0 击败了欧洲围棋冠军樊麾二段，并将在 3 月挑战围棋世界冠军李世石九段。谷歌特地为此准备了 100 万美元的奖金。

2016 年 3 月 15 日，谷歌阿尔法围棋（AlphaGo）与李世石的人机大战五番棋第 5 局在韩国四季酒店战罢，李世石执黑中盘落败，双方比分最终定格为阿尔法围棋 4 比 1 获胜。李世石虽然总比分失利，但最后两局的出色发挥还是为人类棋手赢得了尊严。围棋人机对话才刚刚开始，随着人工智能的不断发展，人类棋手的借鉴研究，横纵十九路之上还会演绎出更多让我们心旷神怡的传世棋谱。这场比赛也标志着一个全新时代的到来。

本次人机大战李世石共获得 17 万美元奖金，其中 15 万美元为出场费，2 万美元为胜局费。谷歌则将准备的 100 万美元捐给慈善组织。

虽然李世石最终以 1 比 4 的比分败给了阿尔法围棋，但是也有很多声音表达对他的支持："虽败犹荣。他不是在跟普通的机器比赛，这对李世石本来就是不公平的。"

韩国《韩民族报》的一篇文章表示：虽然给予比赛双方各 2 个小时的思考时间，但明显对于阿尔法围棋更有利。阿尔法围棋的人工神经网由 40 台电脑（1200 个中央处理器）和 200 多个图像卡构成，它每秒钟的运算速度高达几万次。从开始思考到发现正确的招数，阿尔法围棋只需要很短的时间。单从计算速度这一点来比较，作为人类的李世石只能望其项背。

不过，李世石还是维护了他作为人类的尊严，在第 4 局比赛中获得了一场胜利。

第 5 局赛后，李世石败北，一位精通计算机的好友徐立宪先生给笔者发来一条微信，他写道：

"老杜:'狗'又咬了人一口,好不厉害。看这阵仗要把人吃了。乐兮?悲兮?

这种高等级的对抗,没有一方是弱者,那'狗'才一岁多,就从初段打到九段;李侠威武,敢和一拨人、一个领域的知识,还有一堆每秒万亿次运算能力的芯片、海量的记忆信息的内存的组合阵营作战。实际上这是一场一个人与一个时代的科技成就的较量,是一个不对等不公平的博弈。最终的结果不言而喻。

这次人机大战叫人感慨:围棋了不得,人工智能了不得。人输给'狗'不丢人,人赢了'狗'又能得意多久?

想到蒸气机带来工业革命,计算机开创信息时代,那人工智能又将会给社会带来什么,不敢妄议。但想到聚合物的发明带来遍地垃圾,高科技大开发让地球千疮百孔、四处冒烟,还不知可控核聚变若实现,人们要把地球折腾成啥样,天才晓得那人工智能又会带来多大麻烦、多大风险。"

人机大战终于落幕,欧洲围棋冠军樊麾二段随后出席了 Deepmind 公司的庆功会。作为此次人机大战的裁判长,同时也是第一个和阿尔法围棋交手的职业棋手,樊麾可以说是职业棋手中最了解阿尔法围棋的人。对于这个对手,他也坦承:"比和我下的时候强多了,和它下棋到后面甚至会怀疑自己。"为此,樊麾二段接受了《成都商报》记者的采访。

记者:你是第一个和阿尔法围棋比赛的职业选手,从你和它下到这次它和李世石下,你感觉它是否有明显的进步?进步在哪里?

**樊麾**:确实进步很大,和我下的时候感觉阿尔法围棋的开局还停留在初级阶段,但现在它的开局天马行空,实力强了很多。

记者:之前输给阿尔法围棋有没有让你背负很大的压力?这次比赛过后有没有改变?

**樊麾**:其实比赛的时候有很大的压力,但比赛过后就没有了,输了就输了,李世石不是也输了吗?

记者:之前有说法是谷歌公司隐藏了几场你和阿尔法围棋比赛的棋谱,而这几场的棋谱也说明了阿尔法围棋的弱点,是否真的如此?

**樊麾**:之前我确实和阿尔法围棋下了几场测试赛,而这几场测试赛的棋谱也没有公布，也许是他们觉得棋谱并没有什么价值，但具体什么原因我也不方便透露。

**记者**：之前说阿尔法围棋会挑战中国柯洁九段，据你所知目前这个事情是否已经在计划中，预计什么时候能够实现？

**樊麾**：据我所知目前还没有明确的计划与时间表。

**记者**：你觉得柯洁能够战胜它吗？

**樊麾**：这个确实不好说，比赛没有进行之前谁也无法预测结果。

**记者**：比赛之前，李世石有没有向你咨询过一些与阿尔法围棋对战的技巧？

**樊麾**：完全没有，包括这次比赛，我做裁判长，我们全程也没有说过一句话。

**记者**：是不是他之前比较自信，所以没有询问过你呢？

**樊麾**：也许吧。

**记者**：比赛结束后，听说公司方面进行庆祝，对于这次阿尔法围棋 4 比 1 击败李世石的结果，他们怎么看？

**樊麾**：因为明天大家就要走了，临走之前大家聚一聚，这个结果应该在他们预料之中。

# 阿尔法围棋挑战世界围棋冠军李世石九段五番棋第1局

黑方　李世石（九段）　　白方　阿尔法围棋（AlphaGo）

2016 年 3 月 9 日弈于韩国首尔四季酒店　　黑贴 3 $\frac{3}{4}$ 子

**第 1 谱　1－10**

本局是五番棋的第 1 局，引起世界关注。对局采用中国规则，双方限时 2 小时，采用 3 次 60 秒读秒制，双方不论输赢必须下满五局。

赛前，中日韩围棋顶尖高手普遍认为李世石必胜，而北京邮电大学教授、人工智能专家刘知青等则看好阿尔法围棋。

经猜先，李世石执黑先行。至白 6 小飞，双方的下法都十分常见。黑 7 是布局变招，这是在人类职业棋手中从未有过的下法，李世石也许是想下电脑未见过的下法，欲以奇制胜，同时也有试探之意。

白 8 高挂也很普通。黑 9 二间高夹是积极的下法，全局配合较好。但白 10 托令人诧异，此手按照定式一般于 A 位外靠或 B 位跳或 C 位大飞，电脑如此下法不知何意？

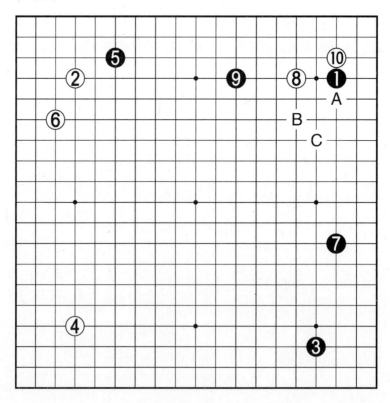

**第 2 谱　11 −20**

黑 11 扳，白 12 退必然。黑 13 也可于 A 位飞，瞄着 B 位的封锁。白 14 跳出迈向中腹，是具有大局观的一手棋，但从职业棋手的眼光来看，右上角的形状白总有稍吃亏之嫌。

黑 15 时，白 16 压后再于 18 位夹击是行棋的步调。黑 19 跳，只此一手。白 20 压也属于必然的下法。

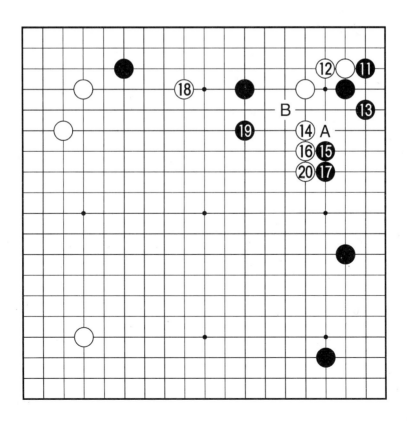

**第3谱 21—30**

黑21退后，黑右边一子由于距离太近，黑棋并不满意。

白22镇是大势要点，欲利用右边厚势对黑9、19两子进行攻击，同时缠绕黑▲之子，一石二鸟，体现了电脑不仅擅长于局部的计算，对全局形势和"虚"的方面也具有很强的把控能力。

黑23靠太强，顿时使局面复杂化，李世石欲与电脑短兵相接，一决高下。此手一般于A位跳比较平稳。

白24刺是先手，使黑棋走重之后，白26直接顶断黑棋，这是阿尔法围棋力量的首次展示，以下即进入扣入心弦的攻杀。古力九段、柯洁九段均认为此处作战黑明显不利。双方若在此出现计算失误则都将直接导致全局的失败。

黑27也可于28位拐，避免激战，但被白于27位冲，黑将吃亏。

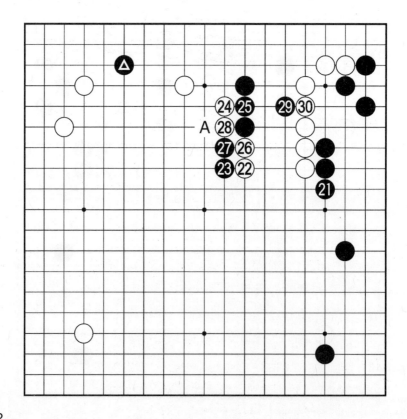

**第 4 谱　31 - 40**

黑 31 飞，只得寻求在上边做活，如谱被白 32 挡，黑做活之路较为艰辛。

黑 33、35 冲至 37 位断，体现了人类顶尖棋手与电脑在计算方面的有力对撞，看得人心跳加速，难道这场战役就将立即分出胜负？

黑 39 扳，其目的是防白 A 位的征子。白 40 扳也是必然的下法。

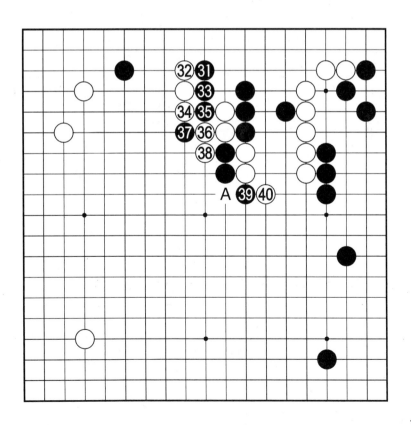

**第5谱 41–60**

黑41长，白42尖似乎是在这个局部作战中必然的下法。但古力九段认为，白42可于A位打，黑52位补后，白于45位提黑两子简明。此处一着不慎将满盘皆输。

黑43飞，下一手44位尖吃白△三子和45位粘成为见合，同时防止了B位的冲断。白44肩冲，逃出白△三子且限制了黑△一子的活动，不失为好棋。白44若于45位断吃与黑44位尖，进行转换也是不错的，也许电脑没有这个选项。

白48立与黑49做活并破了白大龙的眼位作交换，职业高手一般是要保留的。但白50跳出后，很多人认为黑棋的局势已处于下风。

白52至黑55先手定形，是白棋的权利，电脑毫不犹豫。

白56贴，黑57长时，白58跨、60断再次切断黑棋是阿尔法围棋力量的又一次体现。

黑57可考虑先在60位双刺，避免白58、60的跨断。

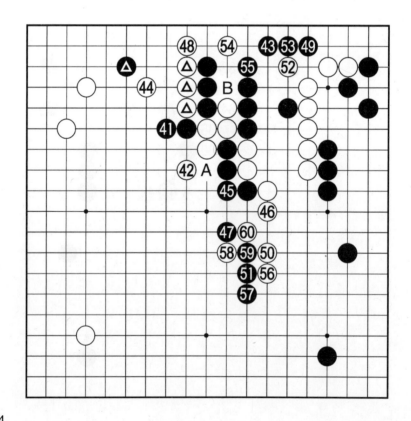

**第6谱　61－80**

黑61倒虎，形状有点"怪"，一般于A位长。白62长必然。黑63跳时，白64尖顶与黑65长头交换一般是吃亏的，但因白有于66位靠顶，可吃住黑两子棋筋，全局顿时厚实，同时可以避免黑于70位拐头的手段。对此黑67、69补棋实属不得已，否则白有A位打再69位挖的手段。

电脑白70至76一连串紧贴下来，看似没有什么可圈可点之处，其实厚实无比。

柯洁认为黑75应在76位扳。

黑77稳键地吃住中腹白二子，全局形势属两分局面。白78挂角极大，电脑选点非常精准。

黑79挂也是全局最大之处，对此白80冷静补棋令人不解，此手也可改在B位补。

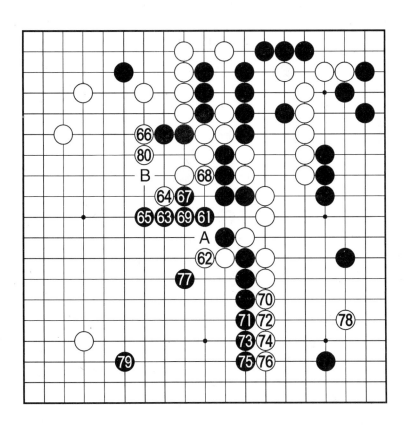

**第7谱 81-100**

黑81抢到"双飞燕"攻白,局势黑棋略为领先了。白82、84两边靠压,招法虽然新颖,但效果并不好。白86断有疑向,以下至黑93长,黑围成了大空,世界冠军柯洁认为黑棋已经领先。

白94扳与黑95挡交换后,白96再在上边扳是白棋留下的后续搜刮手段,至白100接,黑必须在上边补活,这样白棋就可放手在右边黑空内施展手段了。

白100单接,阿尔法围棋思考了很长时间,此手一般于A位挡,这样目数上稍微便宜一些,但为了右边的打入,使B位无法成为黑棋的先手,而选择了隐忍。由此可见,阿尔法围棋的可怕。

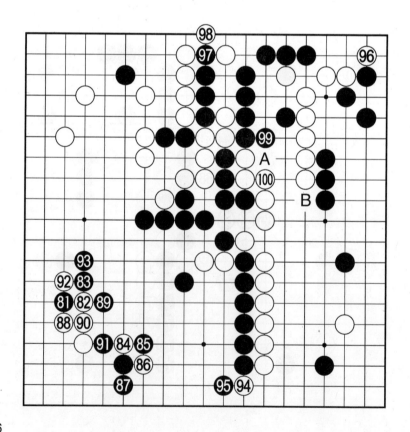

**第8谱** 101－120

白102打入是胜负手，也可以说电脑在形势不利情况下有一种强烈争胜的欲望。正如中国围棋队总教练俞斌九段在评价这一手时说的"阿尔法围棋在局势落后的情况下走的胜负手，堪称本局最精彩之处"。赛后，有着阿尔法围棋之父之称的大卫·席瓦尔回到英国伦敦，对此局阿尔法围棋的白102打入，通过计算机分析也认为这是胜负的关键之处。棋局的进程李世石应对有误，进入到了电脑的计算步调中。又下了几手棋之后，阿尔法围棋已经优势明显。

对此，李世石长考之后于103位压，再于105位长，欲与电脑在此一搏。白108飞时，古力九段认为黑109应先在A位冲，再于109位立，可能比实战好。

黑109立时，白110飞吃住黑上边三子，黑吃了大亏，至此形势已发生逆转。白116尖补左上角大极，白形势已经领先。黑117至白120是黑的定形权利。

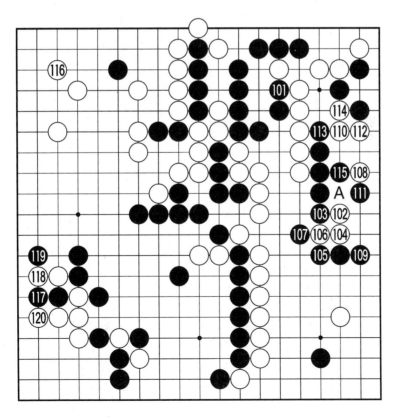

**第9谱** 121－140

黑 121 是大棋，下一手还留有 A 位冲吃白三子的后续大官子。

白 122 粘的官子也很大，并且很厚实，留有 124 位夹的后续手段。

黑 123 靠压柯洁九段认为应于 128 位尖顶，在角上做话，这样全盘目数也许更接近一些。白 124 夹时，黑 125 不能于 B 位立，否则白 125 位断，黑空将出棋。

白 126 扳时，黑 127 也应于 128 位虎，转向角部做活。白 128 以下至黑 135，白先手做活后回补 136 位，白已确保胜利。在行棋的过程中，电脑白 130 应单于 134 位挤；白 136 应于 C 位打，这样官子便宜些。

白 140 做活并围住几目棋后，黑败局已定。

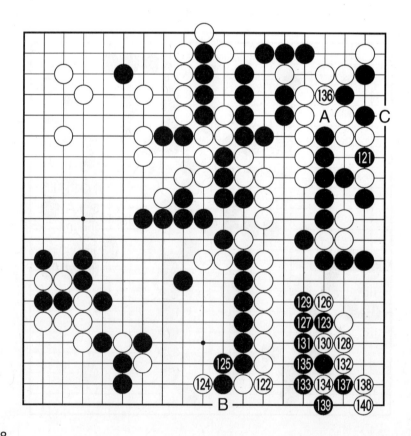

**第10 谱**　141－160

黑 141 跳时，白 142 挡显然应该在 A 位跳补，如此黑若脱先，白有 148 位扳的手段。实战白 142 挡，被黑 143 断，白因前谱白 130 "即△"撞紧气只得于 144 位立下补活，落了后手。白△如果没有直接撞紧气，实战白 142 挡则成立。

黑 147 立下是极大的官子。白 150 拆二也是大官子，步步为营，向黑空渗透，电脑收官滴水不漏，使人感到阿尔法围棋的厉害。

黑 153 也可于 B 位飞，这是双方消长的地方。白 154 尖，防止了黑 B 位飞的手段，同时继续向黑空渗透，黑痛若不堪。黑 155 破白角空时，白 156 至 160 确保角部活棋，继续保持胜势。

当阿尔法围棋第 1 局击败李世石后，Deepmind 首席执行官哈萨比斯非常激动，欢呼："我们登上了月球，为我们的团队感到自豪！同时向表现优异的李世石致敬。"

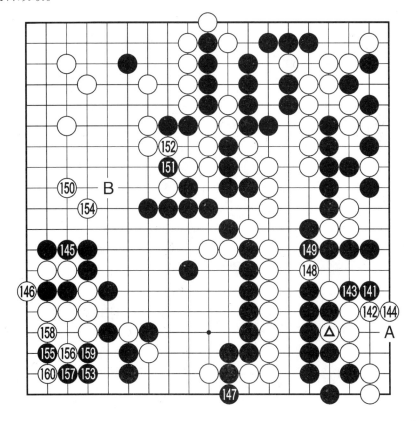

**第 11 谱　161 — 186**

黑 161 提劫时，白 162 老实做活，确保胜利。据说阿尔法围棋不擅于打劫，不知真假。如果此处按职业棋手的收官下法，白 162 完全可以在 165 位尖，以下 161 位和 181 位将成为连环劫使白活棋，这样就消除了黑 165 以下的先手收官。

至白 186 挡，黑已无争胜的机会，遂投子认输。这时黑限定时间还剩 28 分钟，而阿尔法围棋还剩 5 分钟。

赛后，李世石说："阿尔法围棋比想象中厉害，对其表现感到吃惊。我一直认为不会输掉，但它下得那么完美，真没想到。我认为因为序盘阶段的失败，黑棋一直处境艰难。"当被问到是否后悔接受挑战时，李世石说："虽然首局败给了阿尔法围棋，但今天我下得很高兴，我还期待以后的对局，经过了第一局，我认为后面的对局还是五五开。"

比赛结果无疑对整个围棋界甚至所有人的震撼都是巨大的。不过，这场"人机大战"的胜负其实无关"尊严"，而是让人更直观地感受到了当今科技一日千里的发展速度。AlphaGo 是人类研发的，从这一点上说，它的胜利同样是人类的胜利。

共 186 手　白中盘胜

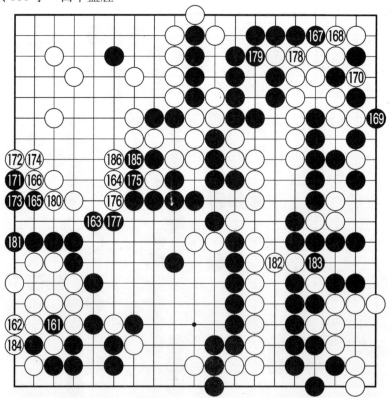

# 阿尔法围棋挑战世界围棋冠军李世石九段五番棋第 2 局

黑方　阿尔法围棋（AlphaGo）　　白方　李世石（九段）

2016 年 3 月 10 日弈于韩国首尔四季酒店　　黑贴 3$\frac{3}{4}$ 子

**第 1 谱　1 – 10**

本局是五番棋的第 2 局。由于第 1 局失败，李世石第 2 局下得较为拘谨。

黑 1、3 星小目，白 2、4 也以星小目应对，布局平稳。黑 5 高挂，白 6 也选择最为常见的托的定式。黑 7 没有选择较为复杂的"大雪崩型"定式，而仍走常见的简明扳的下法，由此可见，双方都以"稳"字当头。

黑 9 挂，白 10 小飞贯彻初衷。

本次人机大战，正值全国两会在北京举行，也引起广泛关注。全国政协委员、计算机科学重点实验室主任林惠民在接受记者采访时说，阿尔法围棋和李世石的对决，本质上是人与人的较量。

科技部部长万钢被问到人机大战时，表示："谷歌的阿尔法围棋取得首场胜利，大家都很关注。我们国家在超级计算机和人工智能方面也取了很好的发展。"

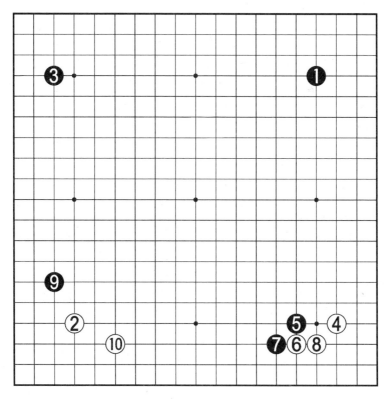

**第2谱　11-20**

黑11虎、白12拆一后，黑13脱先在上边构成中国流布局，是非常新颖的构思，也可以说是一种新的布局创新。

柯洁九段认为白14应毫不犹豫地在A位逼。

黑15小尖刺一手，在职业棋手看来是不保留余味，事先就把"味道"走尽的下法，是绝对不允许的，被称之为"俗手"。古力九段认为，阿尔法围棋的下法已经颠覆了职业棋手的思维。电脑下出这样的"俗手"其目的何在呢?

黑17托、19连扳的下法不常见。白20打吃必然。

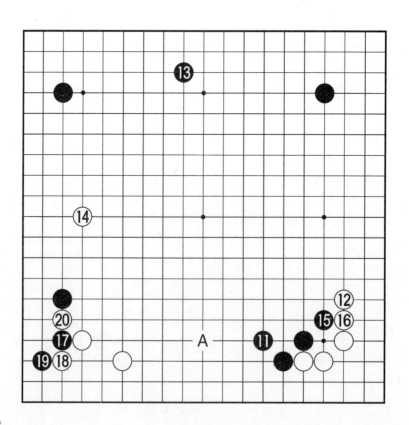

**第3谱　21－30**

黑21至白28是局部定式定形，双方并无不满。

黑29高拆二是阿尔法围棋在布局阶段具有大局观的一手棋。这是聂卫平九段非常赞赏的一手棋。因为左边白棋有一定的外势规模，黑棋这样占据高位，可以远远地限制白棋的发展，同时还瞄着A位粘，与白作战的手段。

白30开拆是大场，李世石摆出一副打持久战的姿态，要与阿尔法围棋比试内力。目前从全局来看，黑白双方的着法均无大的错误，属于正常应对。

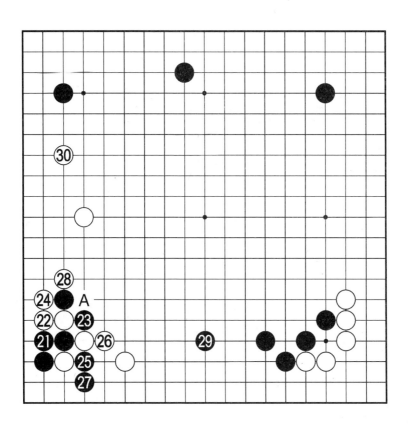

**第4谱　31－40**

黑31守角也是正常下法。白32挂的方向值得高榷，因下边白△是硬头，可以考虑从A位方向挂角。当然，实战白32挂也不失为一种下法，继续贯彻打持久战的方针。

黑33、35选择简单尖顶再跳的定形，简化了局部复杂的下法，这也许是电脑在此局部作出的最佳判断。

白36高拆比低拆好。但尽管如此，黑37仍五路肩冲，彰显了电脑不同于职业棋手的行棋思路，此手为本局最精彩之处。就连棋圣聂卫平也惊呼："电脑下出了我向他脱帽致敬的手段，我对电脑刮目相看。"

此时白38有两种选择，一种是在B位爬，围右边实地，但比较普通，另一种就是实战白38贴，更注重从外围限制黑棋中国流模样的扩张。黑39长，白40飞告一段落。

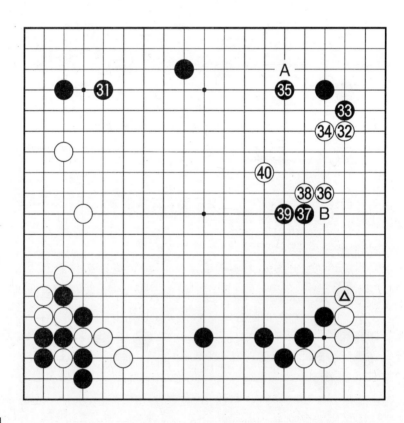

**第5谱 41 -60**

黑41 争得先手对左边白棋发难，似乎击中白棋软肋，好像又是具有大局观的一手棋，但白42 爬后黑棋并不便宜。古力九段认为，白42 于48 位拐打也很简明。黑43 动出，若于46 位退静观白棋则较为平稳。

白44 以下至白60 似乎可以认为是此局部"一本道"的结果，不过这里的变化也相当复杂。比如时越九段认为白50 可改于 A 位冷静地团打，黑不能于56 位接，否则白 B 位扳，局部黑棋无应手。

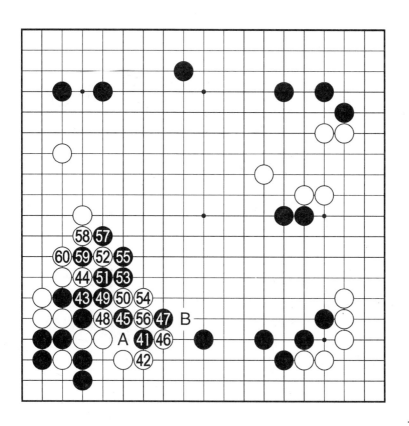

**第6谱　61－80**

电脑黑61又是具有大局观的一手棋，瞄着打入左边白空的手段，同时也可照应中腹黑的弱棋。对此，白62补不得已。

黑63贴下极大，是"形"之要点，其步法与黑△肩冲是一脉相承的，冲破白空的同时，也使白棋的棋形重复。由此可见，阿尔法围棋的下法前后连贯，子效配合较好，不得不令人敬佩。

白64立，柯洁九段认为是缓手，应于A位打入；时越九段则认为白64无论如何也要在B位尖。黑65先手扳机敏，消除了白棋点三三的手段，然后于67位补，行棋调子极佳。

白68拐打以及白70、72打拔一子都是大缓手，白74也是疑问手，由此胜利天平倒向了黑棋。白80打入是胜负手，只有如此方可与黑一争。

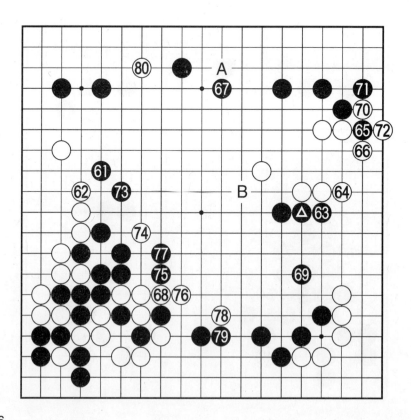

**第7谱 81－100**

黑81飞压，最大限度压制白棋，远远地窥视着白打入之子，这是阿尔法围棋的特点。其实黑81若于84位镇，白棋要做活就已很困难。白82靠压腾挪寻求活路。黑83冷静地退，不给白棋借劲。

白84应考虑于97位托，以求劫争的机会。黑85压先确保自身联络，是电脑的过人之处。白86以下至白90也毫不退让，争抢实空。

黑91扳、93冲至97的简单定形让白棋无从应对，白陷入两难选择。白98若于99位接，黑A位刺，白大龙危险。因此白98、100只好在外面行棋。

至此判断全局形势，柯洁九段和古力九段都认为，目数黑棋已领先，白败势渐显。

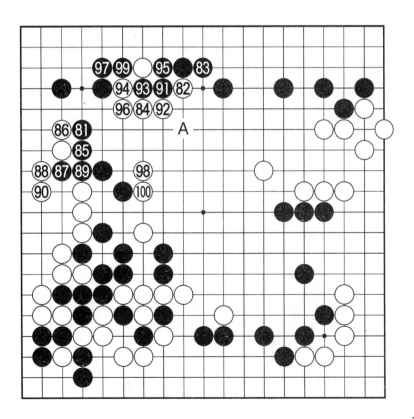

**第8谱 101－120**

黑101继续对中腹白棋进行攻击，选点精准。白102至108以弃掉一子达到了暂时缓解，但中腹棋形仍有缺陷。

黑109刺，再次击中白棋痛点，白应手困难。白110、112、114上下都想走到，但难免棋形太薄，有被黑一举击溃之感。

黑115靠再次冲击白棋中腹大龙。黑117冲，自撞一气难以理解，这也许就是黑棋程序的漏洞，导致了以后白五子的联络。

黑119时，白置之不理，白120扳顽强，否则实空将不够。

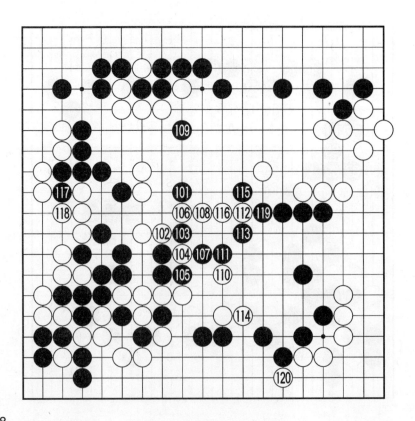

**第9谱** 121－140

黑121扳挡，做好了弃子准备。白122至126吃掉黑一子不小，但黑127扳后在中腹也围了不少实空，全局仍然是黑棋好。

白128补回后，黑129尖仍然冲击着白棋的薄味，电脑对白弱棋引而不发，只是保持一定距离地尾随着你，令你不安，这也许就是阿尔法围棋强大的之处。

白130点角至134渡过，官子价值很大，但黑135吃掉白五子也不小，目数大体相当。

白138立是一步大官子，黑139顶也可收到攻击利益。

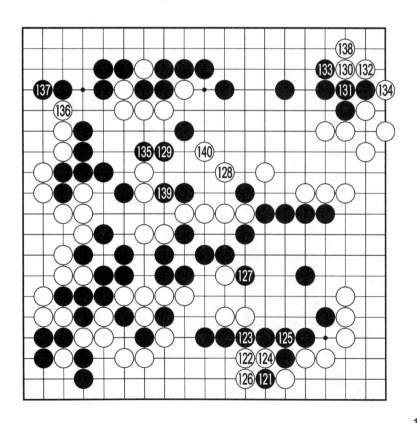

**第 10 谱　141－160**

黑 141 断，继续冲击白棋薄味，电脑的下法令人恐惧。

白 142 跳至黑 145 靠挡是白棋收官的权利。此时李世石已开始读秒，而阿尔法围棋还剩 20 分钟。在目前局势不利的情况下，白 146 应在 A 位夹，很有可能迫使黑棋开劫，此劫白虽难以打赢，但也许是存在变数的胜负手。实战白 146 冲至 150 连回，上边的战斗告一段落，黑棋更进一步稳稳地掌握着全局。

黑 151 仍是瞄着中腹白弱棋的下法，同时消除了白 A 位夹的手段。白 152 靠与黑 153 挡交换是权宜之计。其目的是抢占白 154 飞，这手棋极大。

黑 157、159 是精妙的收官，白又将被搜刮，痛苦不堪。

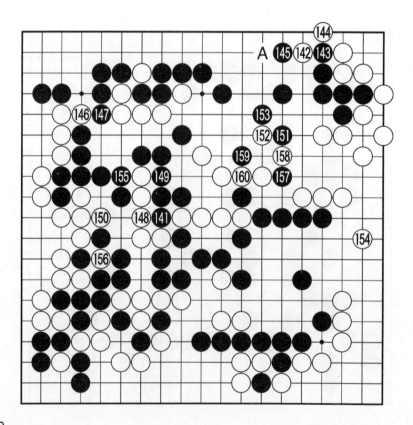

**第 11 谱  161 – 180**

黑 161 打、163 挤、165 断最大限度将白一子吃掉，体现了电脑超强的计算能力，双方的差距越来越大。

白 166 扳时，黑 167、169 吃掉白四子的价值，我们只能猜测，电脑计算后认为应比上边于 171 位退的价值大。

白 170 打时，黑 171 长，欲弃掉黑六子，但柯洁九段认为，此时白 172 无论如何也应于 173 位冲出，黑 174 位打时，白于 A 位与黑打劫（据说阿尔法围棋不擅长打劫，有刻意回避劫争的特点），只有如此才有机会与黑棋一争胜负。

实战白 172 挖、黑 173 打、白 174 后手吃掉黑六子，白棋等于坐以待毙。

黑 175 夹也是搜刮白棋的好手，白 176 提不得已。

黑 177 至白 180，黑棋的收官滴水不漏。

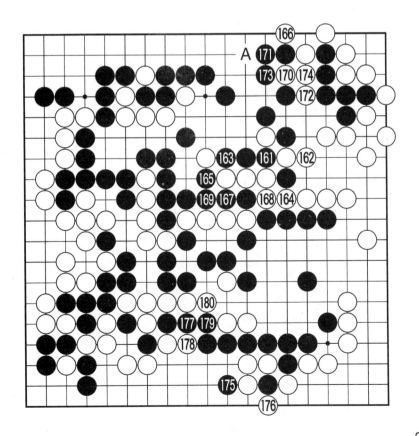

**第 12 谱** 181－200

黑 181 跳是收官常型，白 182 尖顶，只得如此。黑 183 以下至 191 挡收官顺序极佳，黑已稳操胜券。

白 192 挡时，黑 193、195 立即扳粘逆收，体现了电脑精准的官子价值判断。

白 196 是白棋的先手收官权利。白 198 粘时，黑 199 脱先，说明电脑对下一手官子的价值判断认为左边比上边大。此时阿尔法围棋也开始读秒，但盘面已经领先十多目，已必胜无疑。

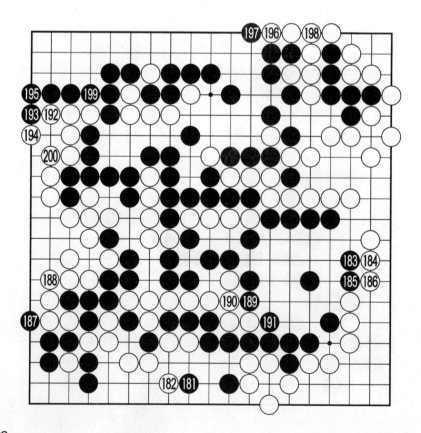

## 第13谱 201－211

黑201至211是完全正常的收官,白棋回天乏术。黑211立时,白投子认输。本局李世石和阿尔法围棋都用完了各自的两个小时时间,进入了读秒。

本局比赛进行到白热化程度时,李世石九段连下棋子的手都开始出现微微的颤抖。赛后,韩国棋手刘昌赫九段评价说:"李世石好像在心理上有所畏缩。"

李世石赛后会见记者时说:"让人吃惊的昨天已经领教了。今天这盘棋从序盘开始,我一直没有领先过,阿尔法围棋还没有被发现有特别的弱点。昨天对局,我仍认为阿尔法围棋也存在弱点,但今天我的想法有所改变,我完败,而阿尔法围棋完胜,它下得完美。"

对于第1局和第2局,许多职业高手以及媒体分析都认为,阿尔法围棋逆转取胜,但在阿尔法围棋自身的价值网络所作的实时胜率分析看来,它认为自己始终处于领先。

共211手 黑中盘胜

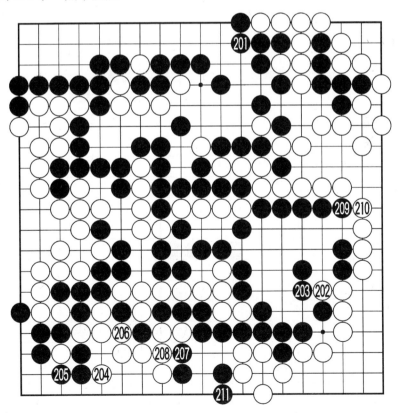

# 阿尔法围棋挑战世界围棋冠军李世石九段五番棋第3局

**黑方　李世石**（九段）　　**白方　阿尔法围棋**（AlphaGo）

2016 年 3 月 12 日弈于韩国首尔四季酒店　　黑贴 $3\frac{3}{4}$ 子

**第 1 谱　1 −10**

本局是五番棋的第 3 局。前两局李世石九段以 0 比 2 落败，本局李世石改变了战术，采用构筑大模样来对付阿尔法围棋的强力冲击。这是一盘关键之战。

至黑 7 构成高中国流布局，李世石欲以大模样作战来与电脑进行抗衡，看是否能以此战法找到电脑的弱点。

对此，白 2、4 也以二连星构成大模样的棋形。白 8 挂时，黑 9 小飞的应法比较少见，普通是于 A 位关。白 10 大飞守星位之角是明快的下法。

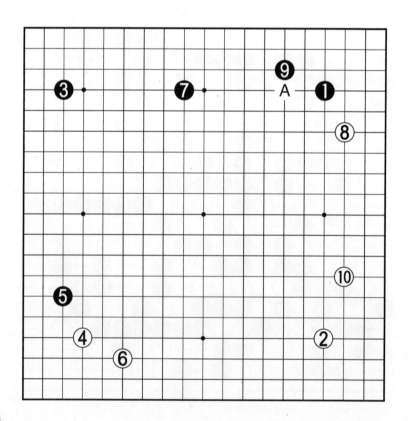

**第2谱　11－20**

黑11开拆，继续在上边构筑大模样，李世石以大模样作战的决心明显，此时白12毅然挂角，侵消黑棋的大模样是一种不惧怕激战的下法。

黑13尖是中国流布局，白高挂时常见的应对。白14大跳虽然轻灵，但极为少见，也许是阿尔法围棋吸收了古谱的营养而采用的招法。白14一般于16位尖。

黑15靠，惊人之举！李世石企图用暴力手段或电脑未见过的下法，在此局部取得先机，但着法过于露骨，难免破绽太多。黑15还是应考虑于16位尖隐忍，白A尖时，黑B飞，这样是常规的下法。

白16穿象眼，避其锋芒，轻松躲过黑棋重拳，黑的计划落空。黑17、白18、黑19、白20后，黑棋形已成裂形，因此可以说黑15是黑棋走向失败的开端。

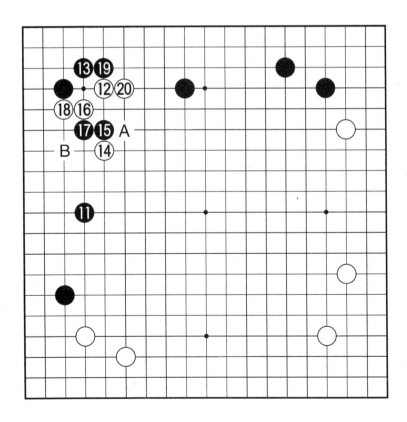

**第 3 谱  21－30**

古力九段认为，黑 21 应考虑在 A 位飞封，这样要比实战的下法平和。如谱黑 21 长则留下了白 24 位的飞出。时越九段认为，黑 21 也可考虑在 B 位扳。白 22 拐下时，黑 23 立不得已，否则白 23 位扳，黑角将有顾虑。

白 24 飞出，黑的中国流布防已被破坏，黑作战失败。黑 25 贴时，白 26 贴下是要点，对此黑 27 若于 C 位扳，虽可以整形，但白 27 位扳后再连扳可轻松做活，黑棋实地损失严重，而且黑外势并不厚实，李世石不会考虑这种下法。

白 28 跳，白扬长而去，白棋形舒畅。黑 29 长时，柯洁九段认为白 30 也可于 C 位接，如谱白 30 并，留有 A 位的缺陷。

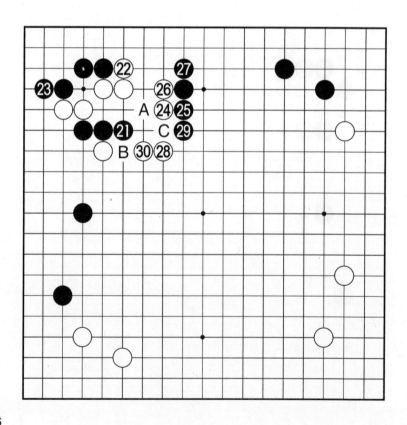

**第4谱　31-40**

黑31虽是大势上的好点，但实战被白32攻击，黑陷于苦战，基本上宣告了李世石此局策略的失败。

白32是阿尔法围棋的锐利感觉。此手一发，左边的攻守之势完全逆转，此手与白于A位飞相比，白32的选点精准到位。

黑33若于B位挡可与左上角取得联络，但白34位贴、黑38位渡过时，白C位扳华丽转身，黑不好。黑39是疑问手，于D位顶才是局部最强的下法。

黑33至白40，黑白双方在此局部展开了人脑与电脑的超强计算力碰撞，彰显了围棋的魅力。

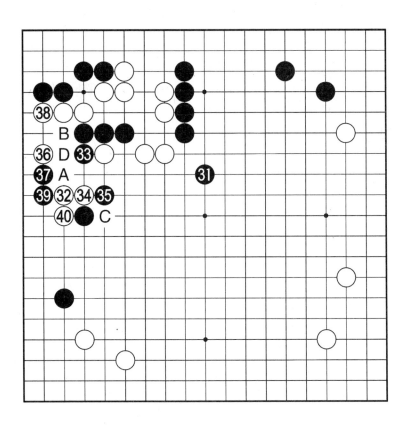

**第5谱　41—60**

黑41顶时，白42先手打后再于44位接是先手，否则白45位冲吃黑两子上下通连，所以黑45接必然，但黑并未脱离苦海。

白46跳，瞄着51位的断，黑必须补断。黑47尖，补断。

白48肩冲，上下两边都走到，白顺风满帆。黑棋为了活棋只得在非常狭窄的地方行棋，痛苦不堪。

白50这种既损劫材还撞紧气的下法，也许正是阿尔法围棋设计的缺陷。

黑55跳时，白56也跳，已基本出头，几无受攻之虞。黑57拐时，白58跳体现了阿尔法围棋的大局观，也表明了阿尔法围棋不用分断黑棋和缠绕攻击也能取胜的态度。对于职业棋手来说，白58也许应该毫不犹豫地于A位分断黑棋进行缠绕攻击。

古力九段认为，黑59是直接导致局面劣势的恶手，此着与白60交换明显亏损。

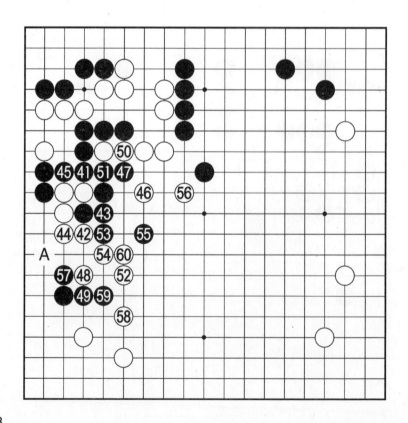

**第6谱　61—80**

黑61只有渡过，但此手应于A位与白B交换后再渡过。实战下法保留这个交换，以后白有打劫切断黑棋的手段，等于是给黑留下了一颗定时炸弹，一旦以后白棋劫材有利，随时可以引爆。

白64补断的同时，还瞄着C位的冲断，黑很难应付。

黑65至白70，白一边进攻一边围空，黑败势已定。黑71托、73断寻求腾挪，欲先手补活。

黑在全局绝对不利的情况下，黑77碰，挑起战斗，但白78、80应对，黑已无机可乘。白78也可以考虑于79位退，这样也许更简明。

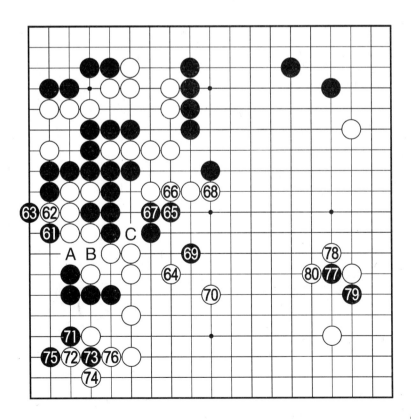

**第7谱　81－100**

黑81接后，白82也稳健接住，继续保持绝对优势。黑83断再挑事端，但被白84压封，黑已无应手。

黑85立时，白86长确保了封锁线，这样白棋在下边围住巨大实空，目数已远超黑棋。

黑87长，白88稳健拆二。黑87长、89跳，其实意在白上边大龙。白90贴下确保大棋做活，想不到电脑全局的洞察力确实很强，如此求稳。

黑91至97只得做活右下边，白98跳牢牢地围住下边大空已是胜利宣言。

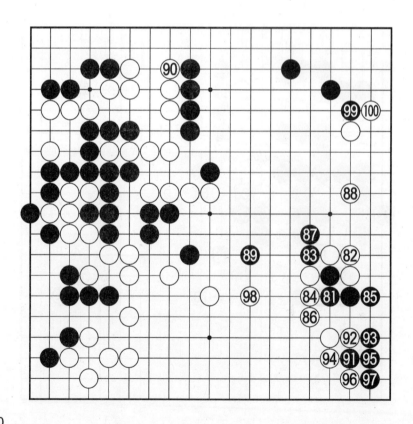

**第8谱** 101－120

黑101挡时，白102打吃在职业棋手来看，绝对是俗手，也许阿尔法围棋的程序认为，现阶段只要确保大棋不死，事先交换掉也无妨。

白104点，以攻击黑角而获得外边的利用，至白112虎，再次确认把上边大棋做活，黑最后的希望破灭。一般来说，这种下法人类棋手比较擅长，想不到电脑也是"赢棋不闹事"。

黑113靠施展强硬手段，黑115靠也是试探白棋的应手，但电脑都应对正确，不给黑棋任何机会。

回头看，黑棋既然只有杀掉白大棋才能取胜，那么前谱黑99尖顶或本谱黑101挡，是否应在A位立，攻杀白棋大棋呢？这是时越九段最后给李世石的建议。

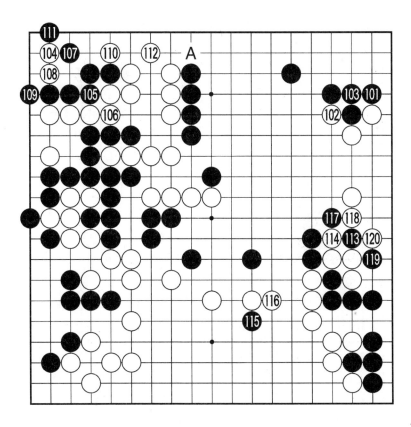

**第9谱** 121—140

李世石在必败的局势下，黑123打准备与电脑进行劫争，但白124却置之不理，回避劫争而在上边补强，难道阿尔法围棋真的有打劫的弱点？

黑125打入白大空内，企图再次挑起事端，考验电脑的杀棋能力。对此，白126至白140下法紧凑，不给黑棋可乘之机，显示了阿尔法围棋强大的计算能力。

过程中，白132扳改在133位刺也许可净杀黑棋；白138给了黑139在A位打紧气劫的机会，但黑棋苦于无劫材，李世石没有选择这种下法。

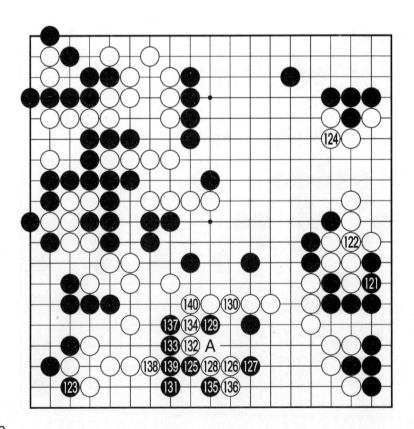

**第10谱　141－160**

黑141、143冲断，企图与白棋展开对杀，但至黑147做劫时，白148居然脱先，令人不得不佩服阿尔法围棋高超的计算能力，下边对杀的结果，虽然成为打劫，但白棋并不惧怕。

此后左下角的战斗完全击碎了外界的质疑，阿尔法围棋不仅会打劫，而且打得非常高超，甚至还在开劫前脱先一手。

由此可见，阿尔法围棋具有超强的计算能力在这一局部得到真实体现，让职业棋手们刮目相看。

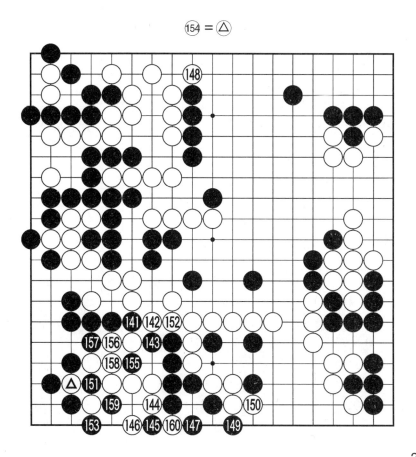

**第 11 谱　161 – 176**

黑 161 碰找劫材，白 162 必应。黑 163 提劫时，白 164 粘是本身劫材，由此也生出几个劫材，黑棋要打赢此劫几无可能。以下至白 176 扑，黑棋拼尽最后"一滴血"而推枰认输。

白棋在优势的情况下，几乎下得滴水不漏，毫不放松，使人们看到了阿尔法围棋的强大。本局李世石用掉了两个小时的限定用时和两次读秒的保留时间，而阿尔法围棋还余有 8 分钟 31 秒钟。

至此，李世石九段以 0 比 3 负于阿尔法围棋，失去了获得 100 万美元奖金的机会。本局赛后，在围棋界引起了巨大的震撼，李世石表示，打败他不等于打败了人类；古力九段表示，与电脑对弈至少要五个九段才能抗衡；柯洁九段也表示，跟电脑下的话，相同条件下我也很可能输。

对于本局，阿尔法围棋的自有胜率评估认为，自己是在棋局刚开始不久，就已经取得了明显优势并持续提高胜率直至终局。

共 176 手　白中盘胜

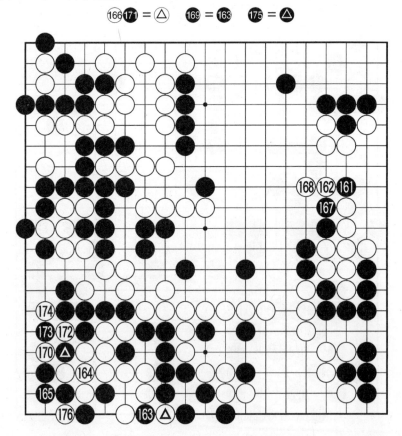

⑯⑯⑰ = △　⑯⑨ = ⑯③　⑰⑤ = △

# 阿尔法围棋挑战世界围棋冠军李世石九段五番棋第 4 局

**黑方　阿尔法围棋**（AlphaGo）　　**白方　李世石**（九段）

2016 年 3 月 13 日弈于韩国首尔四季酒店　　黑贴 3 $\frac{3}{4}$ 子

## 第 1 谱　1—10

本局是五番棋的第 4 局。前三局阿尔法围棋以 3 比 0 遥遥领先，也让人类世界一片哀鸣。前三局结束后，围棋界完全陷入了沉默，之前唯一的"劫争悬念"解开，在网络押分上李世石只有 5% 的支持率，在这 5% 当中还有相当部分是情感的支持。三连败后李世石的内心承受着极大的压力。第 3 局赛后他说："这是我个人的失败，而非整个人类的失败。"李世石虽然已经失去了获得 100 万美元奖金的机会，但外界依然希望他能为人类的尊严而战。

本局阿尔法围棋执黑，至白 10 的下法，与第 2 局一模一样，双方好像都是有备而来。

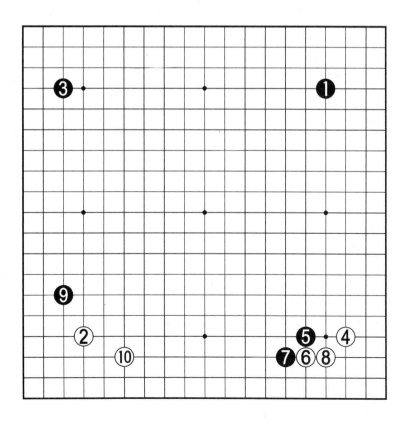

**第2谱 11-20**

黑11虎也与第2局相同。白12尖，开始变招。第2局白12是于A位拆一。

黑13按定式开拆无可非议。本局黑13没有脱先，也许是白12尖的缘故，认为黑右边三子现在需要补强。白14挂时，黑15二间高夹也体现了电脑掌控定式的能力。白16反夹求变，对此黑17应对无误。至黑19时属两分。

白20跳下稳健，此手也可于B位挂角。

李世石前三局考验了阿尔法围棋面对乱战、细棋、治孤时的能力，认为阿尔法围棋的应对几无错漏，因此本局改变了策略，选择导入自己治孤的局面，让电脑攻杀，看其效果如何。从计算的意义上来说，攻杀比治孤更难。

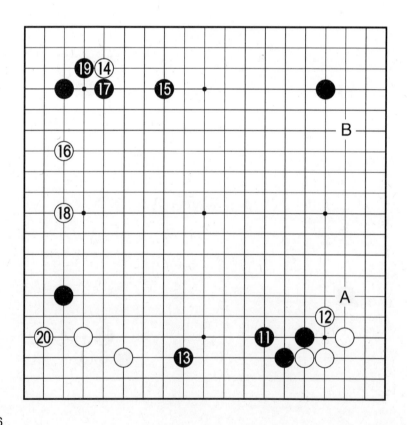

**第 3 谱　21 - 30**

黑 21 小飞守角是极大的大场，对此白 22 也必须要开拆，限制黑棋的发展。

黑 23 在此时靠，对于职业棋手而言是不可思议的一手，电脑下此手的目的何在呢？

白 24 顽强外扳反击应是不错的选择，但黑 25 肩冲好似行云流水，又好似与黑 23 的靠有关联，构思新颖。白 26 却是缓手，似乎中了阿尔法围棋的奸计。此手应于 28 位贴，这样可以在上边的作战中快一拍。

黑 27 贴下，黑已在上边的攻防中争得先机。白 28 上贴时，黑 29 扳强硬，白 30 扳，也只得如此。

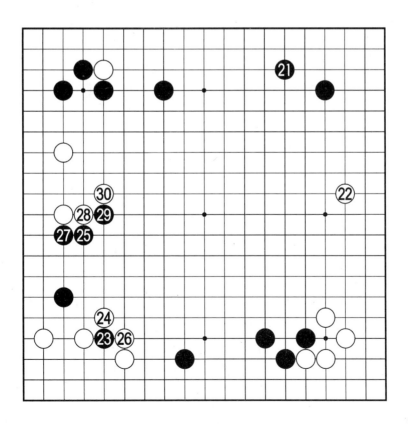

**第4谱 31－40**

黑31连扳再33位压,欲从气势上压倒白棋。前谱黑29以及本谱黑31、33以弱棋连续"碾压",令现场的韩国解说者宋泰坤九段唏嘘不已。阿尔法围棋又将棋子走在了外面,连续三局,人类尚未找到其明确的弱点,却发现它是一个运势的高手。白34立是"形",出奇的冷静。黑35补断必然。

白36、38扳长隐忍,任凭黑棋筑起外势,从职业棋手的眼光来看是不能忍受的,也可以说如是人与人的对弈,这种构图是几乎不会出现的。但考虑到李世石对本局制定的策略,也许就会明白李世石为什么这样下。

白棋在左边选择取得实地以后,白40碰,进入了"先捞空,后治孤"的局面,逼迫阿尔法围棋来攻杀。白40于A位肩冲应是正常分寸,以下黑40爬、白B跳。

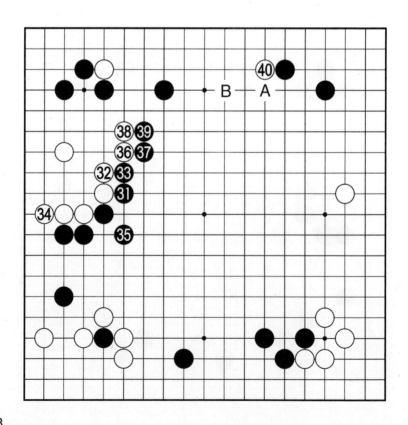

**第5谱** 41－60

黑41扳、43立是此时局部攻击的最佳着法。白44再碰，视黑的应手决定下一手的治孤着法。黑45立，不给白棋借劲是对付靠、碰之类着手的常见下法。

白46大飞轻灵，是治孤的常法。这时黑47肩冲，再次体现了阿尔法围棋惊人的着想。电脑这手棋具有对白△、42、44、46四子围而不攻、声东击西、缠绕攻击的意味，实在令人惊叹！

白48、50选择往上贴，黑51扳时，李世石再次选择隐忍，而于52位扳。古力九段认为应于57位断与黑作战。黑53、55连扳再压强硬，体现了电脑最大限度压制对方的特点。白54至60虽可与上边白数子取得联络，但黑全局厚实，实空也多，白已处劣势。

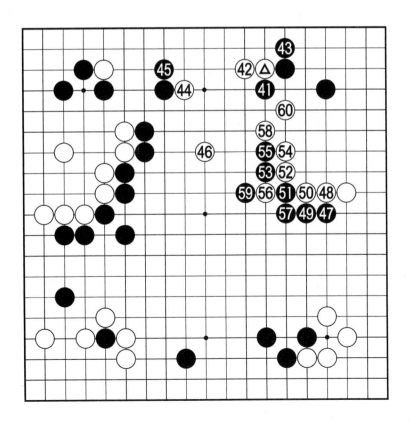

**第6谱 61—80**

黑61粘必然，下一手62位提和63扳成为见合。实战白62长出，选择治孤的策略与黑一争胜负。

喆理围棋发起者李喆六段认为，治孤只要求自己做活，只要找到自己能做活的参考图就行，而攻杀则要求杀死对方的棋，必须防范对手所有可能的反扑，对于阿尔法围棋而言，需要搜索的空间就大幅增加，从而增加了犯错的可能性。李世石找到这一策略，应该说是相当聪明的选择。

黑63至白68是全局的大转换，双方各吃四子，但这个转换是不等值的，黑棋大获便宜，此时白棋局势已非。

黑69飞，欲最大限度吃掉白四子围住大空，如果作为人类棋手来说，此时只要稳健地于71位跳便可获胜。白70吊，黑71补，白72以下做了几手准备工作再于78位挖，这手棋被称为"神之一手"，电脑顿时陷入迷茫。黑79退，电脑终于走向了失败之路。

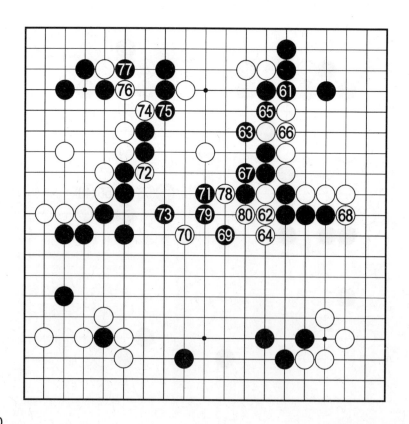

**参考图** 1

"神之一手"，白△挖！

其实，这手棋原本并不足以逆转局势，黑棋有数种应对可保持优势。

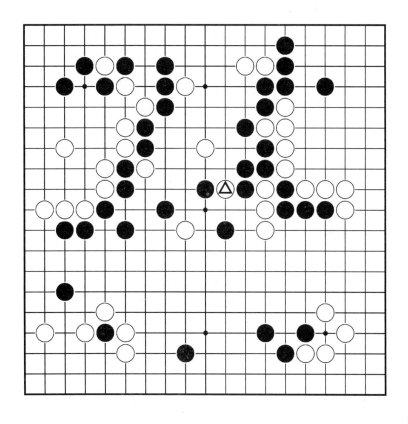

**参考图**2

白△挖时，比如黑1位顶吃，白棋并无生路。

白2靠时，黑3挡住即可。白4与黑5交换后，白6打吃时，黑7可贴紧白气接住，防止了A位的断点。白8提时，黑9断即可，白不行。

以下白只能在B位断，黑C位补，白D位长攻击黑三子，但这样几乎是不可能的。

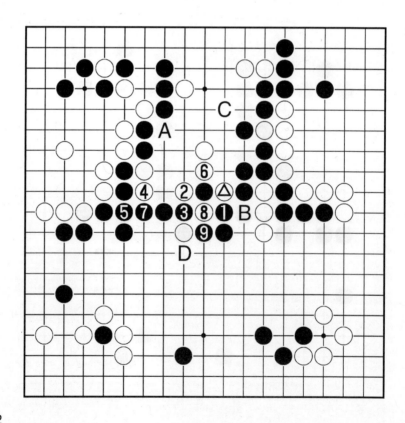

**参考图3**

黑棋的另一种下法是在 1 位拐吃，如此则白棋可以通过打劫联络，但黑 21 跳出后形成转换，仍然是黑方胜势。

李喆六段认为，虽然第 78 手本身不足以逆转局势，但无法抹杀这一手的闪耀光芒！这是人类思维灵感涌动的时刻！

这一手棋很可能满足了以下几个条件：①跳出了 AlphaGo 之前的搜索范围；②使变化更多，增加了局面的分支；③涉及可能的劫争。同时满足这三个条件，非常不容易。

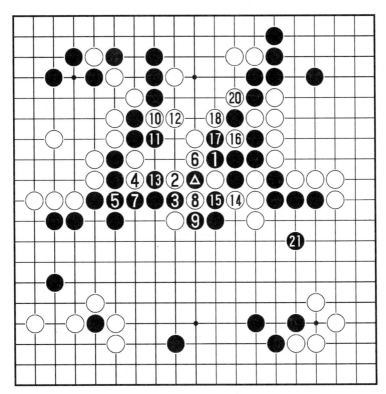

**第7谱 81－100**

黑81以下，阿尔法围棋完全乱套了。黑83顶、85枷，被白86冲吃，电脑陷入了不会下棋的境地。

黑93、97更是匪夷所思。甚至导致李世石在现场忍不住笑场，而负责替阿尔法围棋摆棋的黄士杰博士也是不住地摇头叹息。

这也是围棋人机大战五番棋以来，电脑第一次出现判断错误，李世石的"神之一手"导致阿尔法围棋误读了局面，并由此产生了一系列崩溃反应。

赛后分析显示，在李世石下出第78挖之前，阿尔法围棋自有的胜率评估一直认为自己领先，评估的胜率高达70%。在第78手之后，阿尔法围棋评估的胜率急转直下，被李世石遥遥领先，之后再没有缩小差距。

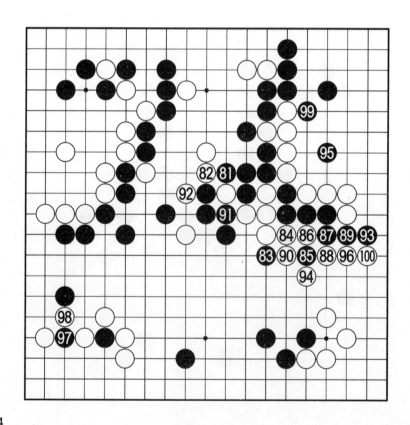

**第8谱** 101 –120

黑101再立到一路，看来电脑真的迷失了方向。黑103以后，阿尔法围棋似乎逐渐恢复了正常，但为时已晚。

白104接出，李世石凭借有争议的"神之一手"，在黑棋的天网中逃出大龙，确定了优势。

黑113靠也是莫名其妙，这也许是电脑判断形势已非而选择的胜负手。白114至118应对无误，黑无机可乘。

由于左边黑棋已被切断，必须谋求做活，黑119靠属不得已而为之的下法。

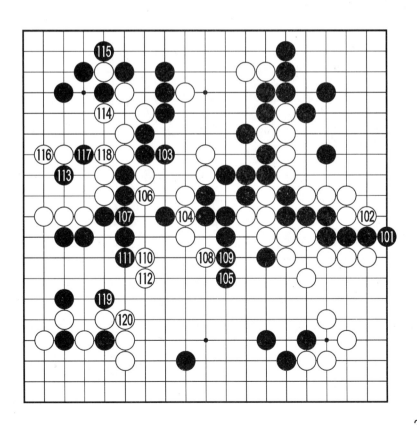

**第9谱** 121－140

黑125立做活左边不得已。白130接上，上边孤棋顺利连回，宣告李世石治孤的策略成功。

以下至白140挡，黑败局已定。据说，电脑认输时，要判断局势的胜率，理论上达到只有百分之十左右，它才不会继续下下去。

白棋上边联络后，阿尔法围棋败局已定，但鉴于前三局电脑表现出的超强实力，竟无人相信它会输。

"神之一手"的白78凌空一挖，坚韧如山的对手突然倒下，阿尔法围棋变得不知所措，连续出现低级昏招。对于阿尔法围棋的异常表现，各路观战的职业高手充满了猜测，即使是阿尔法围棋的发明人席尔瓦都不知道发生了什么。

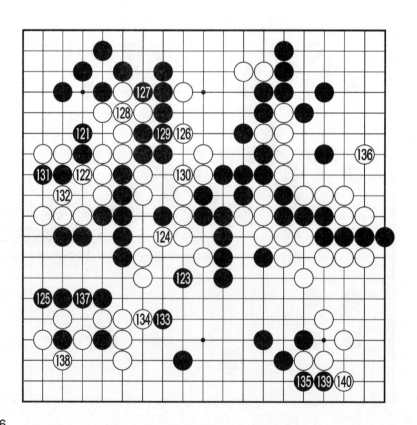

**第10谱 141－160**

此时，阿尔法围棋又恢复了正常的状态，双方进入了收官阶段。黑141靠，又展现了电脑计算的强大。

白142先手顶后，再于144位尖，白棋把上边残子全部连回家是全盘最大的地方。

黑145飞也是大棋。白146以下至156滴水不漏地收官，阿尔法围棋已毫无办法了。

为什么阿尔法围棋面对李世石"神之一手"的白78挖时表现如此差，是因为它没有想到李世石这手棋吗？席尔瓦揭晓了这一秘密。阿尔法围棋的计算体系中，的确曾经评估过这手棋，只是在其评估中，李世石走那一子的概率大概是万分之一，最终，它没有想到李世石会这样走，也就没有计算李世石这样走之后如何应对。

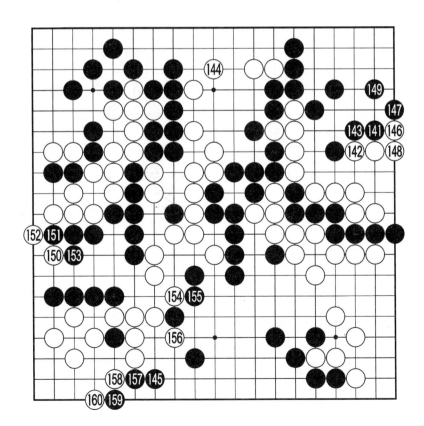

**第 11 谱　161－180**

至白 180 跳，阿尔法围棋也许已判断此局的胜率已低于百分之十，遂中盘认输。

本局李世石用掉了两个小时的限定用时，以及两次读秒保留时间。

李世石中盘击败阿尔法围棋，扳回一局。虽然 1 比 3 的比分已经无法逆转，但本局的胜利对人类来说，意义重大。柯洁九段认为："我觉得之前大家都高估了阿尔法围棋的能力，特别是它的计算能力，它也不过如此。"

赛后，现场媒体蜂拥而至，并报以热烈的欢呼声和掌声祝贺李世石获胜。李世石说："谢谢大家，我第一次因为获胜受到如此祝贺，今天能赢，我非常开心。我想起赛前曾经说过会以 5 比 0 或者 4 比 1 赢得比赛，如果之前我真的赢了三场，那么今天哪怕失利一场，也会是巨大的伤害。但正因为我输了三场，如今赢回一场，这一场胜利对我来说弥足珍贵，是你们的鼓励和支持让我赢得了这场比赛，非常感谢。"

共 180 手　白中盘胜

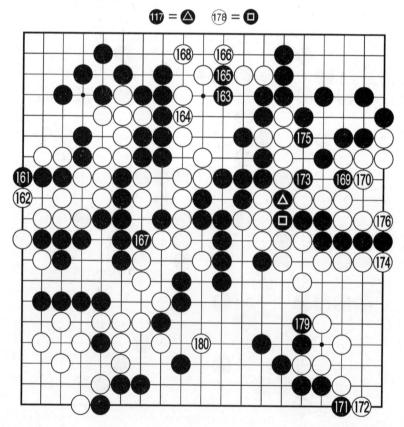

## 赛后记者会上的祝贺

DeepMind 创始人哈萨比斯对获胜后的李世石表示祝贺，他说："衷心祝贺李世石获胜，让我们看到他是多么伟大的棋手。看 AlphaGo 的统计，也知道形势的变化。李世石下得非常好，给 AplhaGo 制造了失误。我们也非常高兴，在韩国举行这个比赛，是为了看看 AlphaGo 的实力，测试极限并改善提高它，也需要李世石这样优秀的天才棋手。李世石今天下得非常精彩。"

哈萨比斯还指出："AlphaGo 今天的失利是非常宝贵的，我们回去还要改善 AlphaGo。最后衷心祝愿李世石获胜。非常期待周二最后一场比赛。"

谷歌 DeepMind 巩固学习小组负责人大卫·席尔瓦在讲话中谈到："衷心祝贺李世石九段，赢得漂亮。AlphaGo 是通过自我对局来进行学习，这样有可能会存在缺陷。我们不是职业棋手，正需要这场比赛，希望能寻找到的缺陷，发现 AlphaGo 的极限。今天在棋盘中央看到了，李世石下得非常漂亮，我们希望能促进 AlphaGo 的进步。期待周二的第五局比赛。"

韩语解说宋泰坤九段同样向李世石送来由衷的祝贺，他说："祝贺李世石九段。李世石今天获胜，非常敬佩他，克服了压力，发挥出自己的水平，中腹走出了妙手。随着比赛进行，李世石逐渐了解了对手 AlphaGo，期待后天第五局比赛更加精彩。"

英语解说麦克雷蒙九段说："祝贺李世石先生。非常有趣的比赛，李世石 78 手令人震惊，估计大多数对手都会感到惊讶，包括 AlphaGo。李世石确实下得非常好。"

当被问及 AlphaGo 的失误时，哈萨比斯表示："AlphaGo 有的棋，从职业棋手角度来看可能并非瞬间直观的选点，感觉是恶手，但事后看反而可能是好手，当然也有可能是失误。因为 AlphaGo 是通过计算胜率来选择落点，处理方式和人不一样。今天 AlphaGo 输了，所以确实是有失误的。这也看得出李世石的表现非常强。我们举办比赛，就是希望通过李世石的帮助来寻找它的缺陷测试极限。"

对于 AlphaGo 似乎不会下出差别很大的棋，而是根据对手实力来下棋，是否之前有设置评测对手实力的提问，大卫·席尔瓦给出这样的回答："AlphaGo 不会根据对手来下棋，只是通过计算来确定每步棋胜率是多少，选

择最有可能获胜的落点。如果胜率低于一定的程度就会弹出提示认输，通知黄士杰博士。AlphaGo 认为对手总是会下出最强手，所以要增加自己最有可能的胜率。"

还有记者对李世石今天这步白 78 挖的妙手充满好奇，对此李世石给出这样的回答："当时局面非常危险，我想了很久，感觉这是我唯一的选点，非常感谢大家给我这么多赞扬。"

李世石在找不到 AlphaGo 弱点的情况下，仍然继续寻找策略展开进攻。经过前三局不同方式的失败，李世石在第四局找到了新的策略，并非常好地执行了策略。这一次，他成功了。AlphaGo 在面对"神鬼莫测"的第 78 手时，终于展现出足以被人类击败的弱点。虽然这一突破所需的条件目前尚不能完全肯定，但无疑李世石已经成功。这场胜利，是对他前三场努力的最佳回报。

# 阿尔法围棋挑战世界围棋冠军李世石九段五番棋第5局

**黑方　李世石**（九段）　　**白方　阿尔法围棋**（AlphaGo）

2016 年 3 月 15 日弈于韩国首尔四季酒店　　黑贴 $3\frac{3}{4}$ 子

## 第 1 谱　1—10

本局是五番棋的第5局。第4局比赛结束后，李世石主动提出第5局不用猜先，由他执黑的建议，尝试先行对战阿尔法围棋，得到谷歌研制团队的认可。

黑 1、3 错小目开局，阿尔法围棋执白与第 1 局、第 3 局一样，以 2、4 星位应对，这是非常常见的布局。

黑 5 守角时，白 6 高挂，黑 7 托至白 10 是定式常型，这也是本次人机大战前几局常出现的下法，似乎双方对此都心里有数而自信满满。

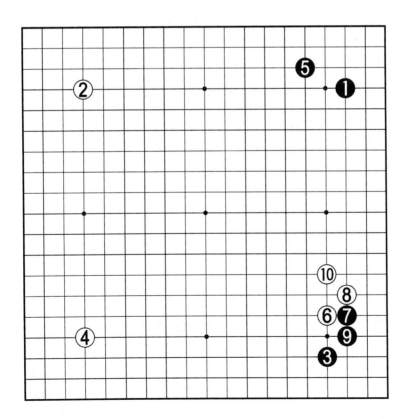

**第2谱 11-20**

黑11拆一时，白12按定式一般于A位开拆，也有于15位下托试应手的下法。如谱的白12碰的下法也比较常见。从前四局看，阿尔法围棋的判断力超强，白12应不是简单的模仿。黑13扳、15立似乎是此局部必然的下法。

白16拐头也有在B位开拆的，这样可以避免黑于17位打入的严厉性。白16拐头后，黑17打入便成为必然的选点。白18、黑19各走各的显示了对局双方的自信。柯洁九段表示，白18居然选择脱先，没怎么见过这种下法。

白20扳，决定以弃子战术来寻求全局的先机。

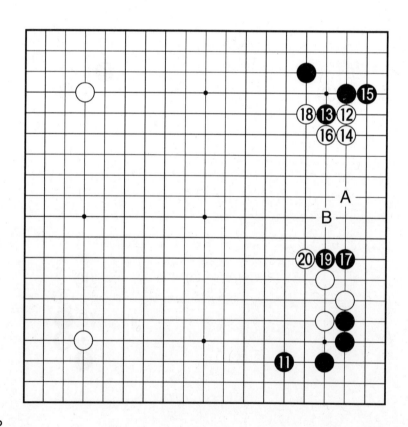

**第3谱 21-30**

柯洁九段认为，黑21断只此一手。白22长与黑23长交换后，白24飞弃子，封锁黑棋的出路也是必然的一手。黑25扳，局部作战告一段落。对此结果的优劣，职业高手有不同的意见，仁者见仁，智者见智。

白26大飞守角是绝对的大场，不仅扩大自身也远远限制黑棋向左边的发展，体现了阿尔法围棋的大局观。

黑27挂角可考虑于A位拆一或B位接，防止白C位靠下。如谱黑27挂角是李世石想让棋局缓缓进行，体现了一种对局时的心态。

黑29飞角时，白30夹是积极的下法。

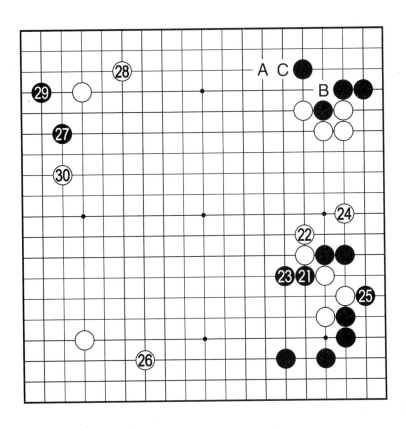

**第4谱　31－40**

黑选择了31靠压、33退的下法，下面白34位尖和黑35位断成为见合。李世石选择了一种求变的下法。

白34也可考虑于36位虎，黑34位尖角时，白A位拆二，这也将是一场漫长的棋。

实战黑35断时，白36至38先手在外面构成一种"势"，也是一种下法。这也是阿尔法围棋擅长的下法。

白40跳绝好，扩大上方白势，体现了阿尔法围棋具有强力的大局观。常昊九段认为，白40是好手，是很有思想性的一手棋，呼应全局。从此局的布局来说，电脑总是喜欢走在外面，强调占"势"，这也是阿尔法围棋具有的特点。

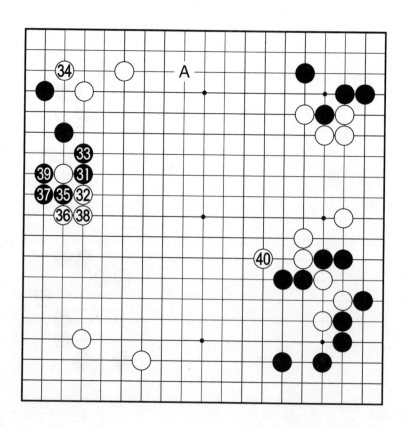

**第5谱　41－60**

黑41贴似乎是必须要这样下，与白正面作战。白42扳是强手，从这几局棋来看，电脑的全局视野绝对不输于职业高手。至黑47挺头，从局部来看是必然的进行，结果黑局部有利。

白48断、50扳，电脑准备弃子作战。但白48先断再50扳，顺序明显错误。白48应先于50位扳，保留48位的断，余味极浓，变化极多。但黑51应在A位断。白54、56是好手，但白58时越九段认为都是恶手，此手如改在59位接，白将崩溃。电脑在此误算不得其解。黑59接后，黑取得实地较多，职业棋手普遍认为阿尔法围棋在此亏损明显。

白60靠，阿尔法围棋终于抢到梦寐以求的好点。

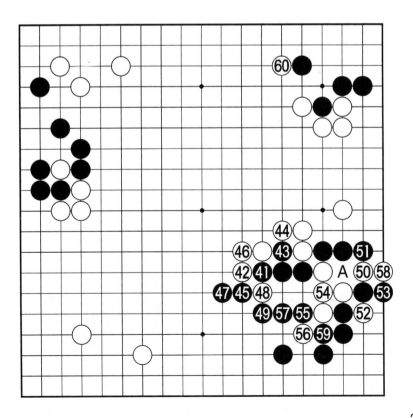

**第6谱 61－80**

黑61 扳时，白62 断，再次寻求弃子，黑63 打吃必然。白64 以下至白68 又在外面构成了外势。白64 按职业棋手的下法一般在65 位打。

黑69 肩冲是职业棋手认为此时侵消白外势的绝好之点。但白70 镇，却让人大惊失色，作为人类棋手是几乎考虑不到的下法。因此，聂卫平九段、时越九段均认为，黑69 可在77 位一带侵消。柯洁九段认为，白70 镇这一手棋无论电脑为何要这么下，虽不得其解，但对其在此局面的构思也是值得赞赏的。有人推定也许是阿尔法围棋认为此时局面的胜率已低于百分之五十而采用的胜负手。

黑71 挡下准备就地做活，如果让黑安然做活，白棋则攻击落空。白78 压时，常昊九段、古力九段均认为，黑79 应于80 位长，这是当然的一手。黑79 如谱跳，也许李世石还沉浸在右下获得优势的意识中。

白80 扳，封锁的价值太大了，让黑在上边做活，从而继续在中腹构围，形成全局"势"的配合，这是阿尔法围棋厉害之处。

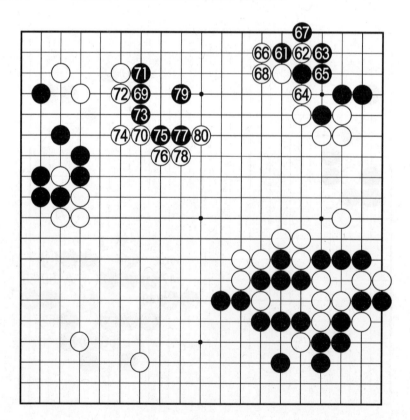

**第7谱　81－100**

黑81飞也应在84位扳，如谱选择飞的下法较缓，也许此时李世石对形势判断有误，有一种优势意识。也许就是因为这一步棋，导致了黑棋在上边的委屈做活，被白棋在外面紧紧封住，局面由此转向。

白82靠、84接后，黑棋虽已先手做活，但却给白棋留下了无情的搜刮官子的手段。

黑85、87的下法有疑问，从结果分析，这两手棋没有起到什么作用，仍然存在被白A位扳断，黑棋要联络还得再花一手棋。

白86立后，黑89只得委屈做活，痛苦不堪。白90又是大势要点，不断扩展中腹势力。黑91飞仅是单方面的侵消白中腹，若不走的话，被白B位围又不行，难以两全。

白92至黑99，白先手搜刮是白棋的权利。

白100拆一厚实，限制黑下方厚势发展，同时加强白棋大飞角。

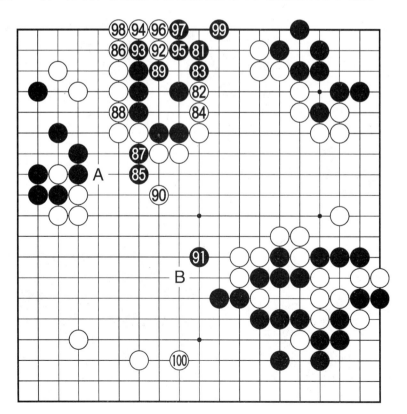

**第8谱 101－120**

黑101靠，此时察觉形势有变的李世石下出非常手段，欲制造事端。白102接，黑103扳，白104拐后，柯洁九段认为此时黑105无论如何也应于左下角108位点角，或于A位托靠，破掉白的实地，只有如此才能与白棋实地抗衡。黑105贴，在此落一后手，被白106飞，全局形势黑已落后。白106一般思路是在114位尖补，或者在中腹补棋，电脑构想特别。

黑107靠，已晚了一步。时越九段认为，黑107于108位点角才触碰白空的核心区域，做成劫争也许局面更乱一些，实战的下法相当于帮助白棋在简化局面。白108以下至白120牢牢地掌控着局面的进程，黑已呈败势。

李世石在中腹和下方的作战未能再度逆转。这两处的作战，可以窥见阿尔法围棋精准的形势判断能力和局面掌控能力。

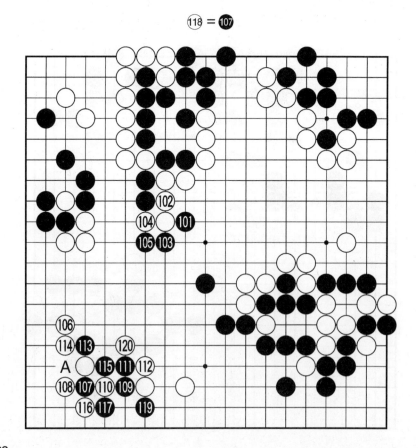

118 = 107

**第9谱　121－140**

黑121接，白122长后，黑123只得从下边二路谋求活路。白124先手补后，中腹黑几子顿时变弱。白124这手棋可视为一箭双雕的好棋，在补下方断点的同时，又瞄着黑棋上面的联络缺陷。

黑125至黑135只得非常委屈地从下边二路连回家。其中白128至134一如既往地将棋走尽，实在太惊人了。撞气、卖味道、损劫材，在传统的围棋观念中，可以说百害无一利，但是电脑就这么任性。白136"穿象眼"冲击中腹黑几子，黑应手困难，白棋的优势愈发明显。

黑137至白140，黑顾头顾不了尾，已成裂形。过程中，黑139若在A位压，被白139位贴回，黑显然不行。

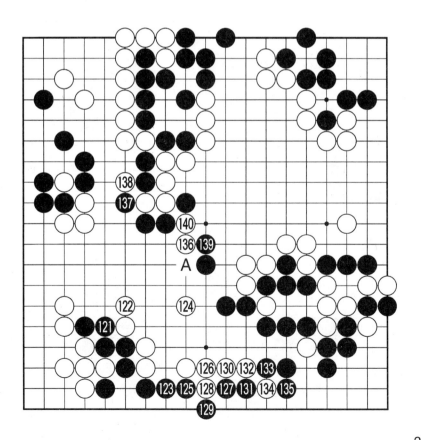

**第 10 谱　141－160**

黑 141 挡时，白 142 至 146 非常厚实地取得了联络，至此白空多且厚，黑败局已定。过程中，古力九段、柯洁九段均认为黑 143 应在 144 位挖，白若 A 位打，黑 143 位接，黑至少可便宜两目，白若 143 位打，黑 A 位长，局面混乱可以与白一搏，实战等于坐以待毙。

黑 147 刺顽强，体现了李世石在形势不利之下而采用的非常手段，也许只有如此才能考验阿尔法围棋是否有破绽之手出现。

但白 148、150 靠断后再于 152 先手打，应对精准，阻止了黑棋向白大空的突破。古力九段认为，黑 153 是最后败着，应在 154 位接，黑形势仍然不差。

白 154 回手切断中腹黑三子的归路，牢牢地把控着局势。

白 158、160 的下法不可思议，在人类棋手看来，此时既无打劫，又无读秒之忧，在这里下棋不能理解。电脑的程序是否又像第 4 局一样，开始错乱了？

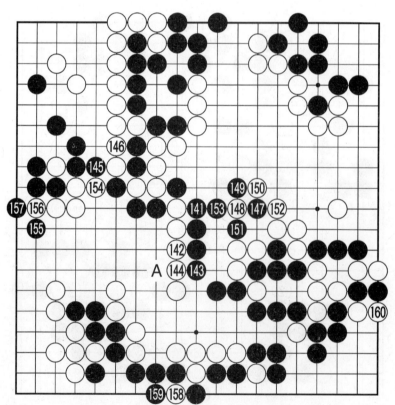

**第11谱** 161－180

黑161后，白162与黑163交换，白164扑是不可理解之手。但白166跳，很快恢复了正常，电脑并没有出现人们想像的"神经短路"。

黑167爬时，白168挡，阿尔法围棋已经计算到这里将出现的转换，因此并不惧怕。黑169点，左边又出现了一个意外的转换，但阿尔法围棋判断准确，至白180形成的转换，结果黑棋略为亏损。

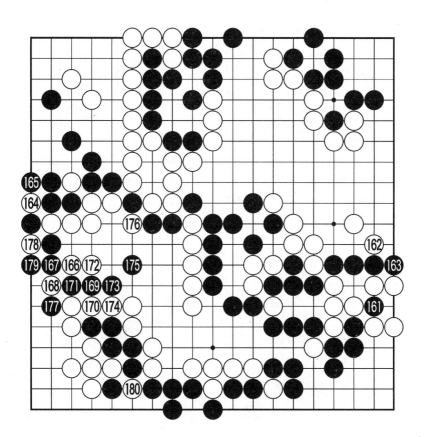

**第 12 谱　181－200**

黑 181 打、183 虎是目前全局最大的地方。从这里也可以看出，当时白棋的外势虽然没有眼见的实地，但黑棋却要付出很多子的代价，慢慢渗透消除白外势成空的可能性，这就是外势的威力之一。由此可见，阿尔法围棋在利用外势这一点上确实有高超之处。

白 186 挡极大，因接着有 A 位靠后 B 位爬的杀棋手段，这里的官子不同于普通的棋形。

黑 193 与白 194 基本上是见合的官子。黑 197 的官子大于右边白 198、200 的官子。

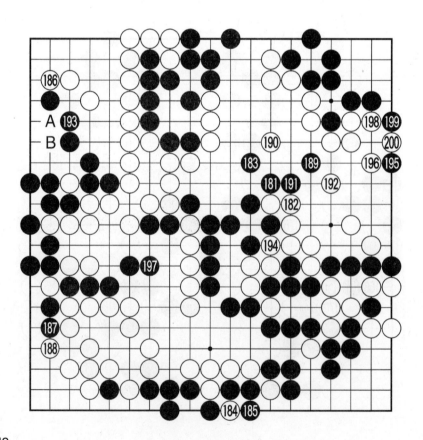

**第13谱　201－220**

黑201至白214均属正常的收官顺序，阿尔法围棋没有显露出什么破绽。

黑215打时，白216立即打吃，让黑217提掉，把棋的余味走尽也许是电脑的特点，也是它不合棋理的地方吧。职业棋手一般在此都会保留不走，以后留下A位打劫的手段。不过电脑也许会认为，此处白棋不走，黑于217位提，白也要216位挡，所以没有保留余味的必要。

白218、220吃掉黑两子得四目是最后的大官子。

在本局中，阿尔法围棋系统自有的胜率评估始终都是领先李世石，从头到尾压制直到最终获胜。与职业棋手根据经验所作的胜负判断不同，阿尔法围棋的自有胜率评估是基于一个价值模块，作出对棋局胜负的预计。

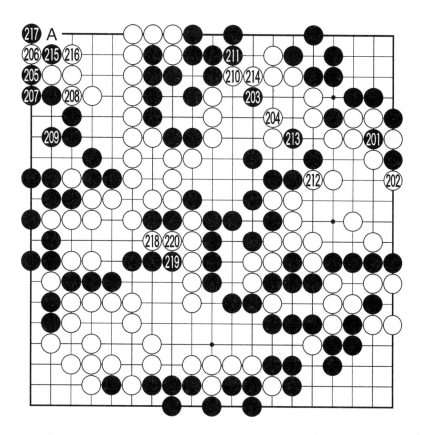

**第14谱　221－240**

黑221以下至白240都是二三目的小官子。以下电脑只要正常收官，黑棋已无胜机。其后的双方差距并不大，但以阿尔法围棋的水平足以应对了。

围棋人机大战在全国乃至世界引起极大关注，特别是在围棋职业棋手中产生巨大震撼。赛前职业棋手普遍不看好谷歌的阿尔法围棋，认为李世石会以5比0获胜，但对局结果让他们从"蔑视"到"崇拜"，态度经历了巨大的变化。聂卫平九段就从最开始称电脑将以0比5失败转变为"向谷歌阿尔法围棋脱帽致敬"，并称其颠覆了自己的认知。世界冠军柯洁九段的态度也发生完全变化，赛前赛后判若两人。

本局李世石用掉限时两小时和两次读秒保留时间。

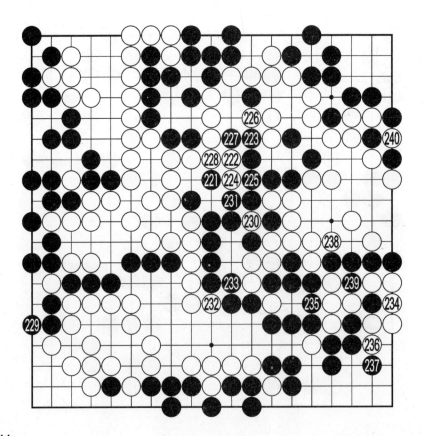

**第15谱 241—260**

中国围棋队总教练俞斌九段和中国围棋队领队华学明七段表示，阿尔法围棋"可以帮助职业棋手进行训练，水平可得到进一步提高，尽管它目前还有一些破绽。"

世界冠军古力九段表示，可能只有五个九段棋手一起出马，才能与阿尔法围棋一战。他同时也表示："只要让我和它下上一段时间，一定会提高我的实力。"古力的话几乎也是每一名职业棋手的心声。

世界冠军常昊九段认为，阿尔法围棋与李世石的人机大战的影响力将具有深远影响，对围棋在世界的普及和发展有着巨大的推动力。

世界冠军马晓春九段则认为，前三局李世石心理负担较重，阿尔法围棋并不是没有弱点和破绽，人类棋手并非没有机会取胜，第4局就是最好的证明。但不管怎样，阿尔法围棋的出现，对围棋事业的发展是非常有利的。

《喆理围棋》创办人李喆六段认为："我最大的震撼来自于棋谱，阿尔法围棋下出了许多完全在人类棋手经验之外的着法，这些着法尚不能得到人类棋手统一的理解。阿尔法围棋还在学习进步中，它离穷尽围棋还有非常远的距离，它只是向我们展开了这样一个新世界。"

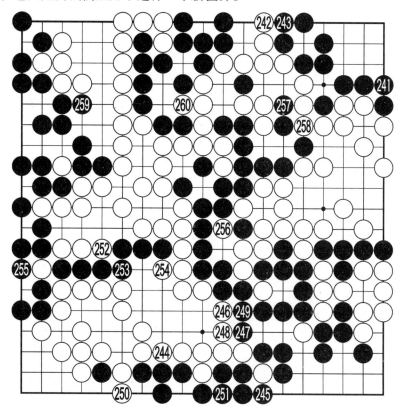

**第16谱** 261－280

李喆同时也表示，由于围棋是一个封闭空间，其变化数虽然巨大，但仍然是有限的，在理论上是可以穷尽的。如果把穷尽看作天，把入门看作地，人类在围棋的天地之间到底处于什么位置，这是值得每一个对围棋有感情的人去认真思考的问题。而阿尔法围棋的出现既使我们有了一个参照者，使我们居于这天地之间不再孤独，又使我们能够更好地接近围棋真理，哪怕一点点。

北京邮大电学教授、计算机专家刘知青则认为，机器战胜人类并不意外，只是时间问题。人机大战引起了巨大反响，推动了围棋的发展。当然机器也有弱点，人工智能开发任重道远。

创新工场董事长兼首席执行官李开复表示："人机大战的结果超出了我的预期，但并不感到意外。阿尔法围棋也属于人类的工具，它没有感情，没有喜怒哀乐，因此并不担心人工智能以后对人类会产生威胁。"

"棋道一百，我只知七"。短短一周里，日本棋圣藤泽秀行的名言，在阿尔法围棋对李世石的对局中让我们有了最深刻的理解！

共280手　白中盘胜

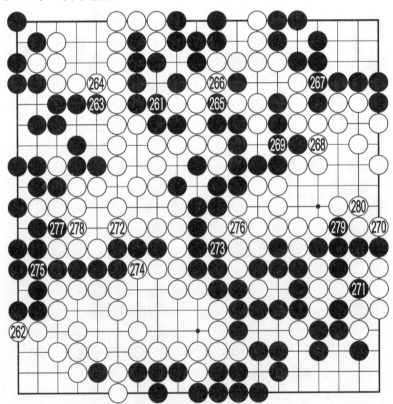

# 附　录

# 围棋——人工智能的圣杯战争

# 围棋——人工智能的圣杯战争

## 余　平　六段

**编者按：** 余平六段是围棋界的电脑技术专家，北京邮电大学软件工程专业本科毕业，退役后也在进行计算机围棋程序的研究。他对阿尔法围棋以及阿尔法围棋战胜李世石九段有独特的见解，并有全新的研制电脑围棋程序的思路，附上余平六段全文以飨读者，权作抛砖引玉，供有志于围棋程序开发及科学研究者共同探讨，启发思维，共同促进围棋事业的发展及科学技术的进步。

阿尔法围棋（AlphaGo）5 比 0 战胜樊麾二段的消息，让棋界掀起了轩然大波。我看到两种论调，一种是贬低性质的，一边是膜拜性质的。贬低的通常来自围棋界，崇拜的来自 IT 行业。看了很多评论之后，觉得很好笑的是无论贬低和膜拜，都对科技有很多误解。作为亲手编写过 9 路围棋 AI 获得世界第 3 名的职业棋手/超级程序员，我想做一些科普的工作，写了第一版本的圣杯战争，但是写稿时间是春节，因此赶不上当期《围棋天地》的出版了，所以改成了等谷歌挑战李世石之后再写这一版。我想对职业棋界阐述的核心观点就是，你们要守卫围棋的尊严，不要被程序员们看不起。

然而第 1 局李世石就败北了，电视采访时，所有职业棋手的表情都是扭曲的。甚至有人在微博上写了"武学千年，烟消云散的事儿，我们见的还少吗，凭什么宫家的就不能绝。叶先生，武艺再高高不过天，资质再厚厚不过地。人生无常，没有什么可惜的。"

很多人写了很多安慰围棋界的话，说 AI 能够帮助围棋界提高等等之类的话，但是围棋的诸位同仁，你们真的会相信吗？搜狗的 CEO 王小川说："对于围棋高段棋手，会有生命的无意义感！"（大体意思，不是原话）

随后是直落三局，这个时候所有人都绝望，本来第 1 局失败后柯洁还豪言一定能战胜阿尔法围棋，后面口气都松了很多。但也许这个世界上只有 14 个人没有对人类丧失信心，这就是我和我的 13 个学生，那天晚上，我在围棋课上用龙珠围棋理论分析了阿尔法围棋的好棋和坏棋（龙珠围棋理论与主流

围棋理论有很大差异），以及电脑下棋的方法和弱点，我的结论是阿尔法围棋有明显弱点，还不足战胜准备充分的棋手，结果第二天李世石扳回一局，我的学生告诉我他赢了许多分。

但是相信大家都已经知道，围棋界在人工智能的冲击之下，将会迎来巨大的变化，职业高手的生存环境将受到巨大的冲击，传统围棋理论将会被彻底革新，围棋的文化光环也将变得暗淡。那么如何迎接这场变革，将是我想讨论的重点。

有一部名叫《Fate》的日本动画片，故事讲述的是每隔10年，7位魔法师就会为了争夺实现一切愿望的圣杯作殊死搏斗，只有最后的胜利者才能获得圣杯。我觉得套用这个故事的框架，来讲述这个划时代的事件，是一个好的方式，Fate 是命运之意，每一个围棋从业者的命运，都与这个事件息息相关！

## 第一次圣杯战争

记得是 2008 年，在北京举办了奥林匹克计算机博弈锦标赛，我的程序 Yogo 参加了9路围棋的比赛，当时围棋 AI 并不热门，但是那一年却是围棋 AI 历史上的一个突破，蒙特卡罗搜索刚刚被发明出来，大家都根据 remi 的论文做出了棋力在9路盘上达到业余5段水平的程序。那次比赛 Mogo 获得冠军，我获得第三，虽然我觉得那更像是一个论文研讨会，不过真的有个铜牌！

比赛有两个台湾博士生参加，程序名 Erica 和 jimmy，很巧的是，当年被我击败的 Erica 就是第二次圣杯战争的主角，AlphaGo 的前身，大家都看见了每天在李世石面前下棋的人，就是 Aja，台湾博士黄士杰，就是 Erica 的设计者。

那个时代的王者是 crazyStone 疯石，竞争者是 Mogo 蒙特卡洛围棋，ManyFace 多面围棋。

## 第二次圣杯战争

蒙特卡罗搜索推动了围棋的突破之后，此后好几年计算机围棋的水平增长缓慢，所以我将每一次新技术带来的大幅改进算成一次圣杯战争。这一次袭来的是 Deep Learning 深度学习，深度学习是一种从图像识别发展出来的技术，围棋盘面其实就是一幅图，大家有没有在网络上看到一个用围棋棋子摆出的小黄图：这一点是其他棋类绝对做不出的。

通过对 10 万 KGS 高手对局的分析，抽取出了很多模式，和人的围棋手筋是一样的，当然做到这一点其实并不令人惊奇，令人惊奇的是根据这种模式下棋，根本不需要计算，就能达到 KGS 3d 的水平，这是一个非常奇怪现象，跟围棋的特性有关，到现在我也没有想通为什么。

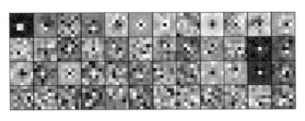

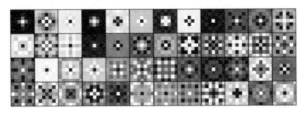

在蒙特卡罗搜索中，最重要的环节是模拟对局，你可以想象一下，如果对于一个局面，你下一手下哪里？比如有 ABC 三个选点，那么你找两个棋手，凭感觉飞快地下一盘棋，让他们下 100 盘，这样就会得到 1 个胜率。以此类推，在每个可能选择的点都下 100 盘，最后选择最高胜率的点就行了。当然在阿尔法围棋处理的时候，这个模拟对局数是巨大的，可能每个选点会下 1000 万盘。

那么这两个棋手的水平其实决定了模拟对局的准确性，第一次圣杯战争的时代，这两位棋手的水平大概只有入门班 3 个月的水平，就是会吃子和围空。而这一次，等于有 2 个 3d 棋手下了 1000 万局，所以水平进步了一大截。但是即使这样，电脑仍然无法跨越顶尖高手让 4 子的水平。当 zen 禅，CrazyStone 疯石，DarkForest 黑暗森林在第二次圣杯战争大出风头的时候，一个从未出手的魔法师终于出场了。这一幕和《Fate》中的情节太像了，谷歌就是故事里最强大的英灵所罗门王！拥有无穷无尽的宝具，把所有人打得目瞪口呆。制作 AlphaGo 的是一个英国公司 DeepMind（是谷歌收购了他），公司的黑板上写着 Our Mission：

1. Solve Intelligence

2. Use it to Solve everything else（意思是，我们的任务：1. 搞定智能；2. 使用它搞定其他所有的事情），deepmind 也对金融和医疗公司进行投资，它真的在试图搞定其他一切事情。

所以将人工智能技术视为可以实现一切愿望的圣杯并不为过。围棋将会变成了各大科技公司和个人研究者用于展现自己 AI 技术的标尺，如果我们用金钱来衡量圣杯的价值，当《自然》杂志发布阿尔法围棋战胜职业二段的消息之后，谷歌的股票高开 8%，一个 5000 亿市值的公司，上涨 8% 是多少钱？李世石战败之日，谷歌母公司 Alphabet 已经超越苹果登上全球市值第一公司的宝座，AlphaGo 这个名字闪烁着财富的光芒，彰显着金钱的力量。

谷歌的突破性进步，在于将神经网络学习用于制作局面评估函数。评估函数用围棋术语来讲就是形势判断，这次人机大战最有意思的是，视频转播有好几家，大家会发现每家视频转播中职业棋手对局面的评价都不同，黑好，白好，差不多等等，这个就能说明围棋的局面评估有多困难。在计算机围棋微信群里讨论的时候，我一直不太相信用神经网络方法能作出有效的局面评估，到现在为止我也不知道这里的原理是什么？不过通过这次比赛，我觉得这种称为 value network 的局面评估方法还是有局限性的。

但是评价函数是围棋最重要的护城河，攻破评价函数，人是完全无法和机器抗衡的，谷歌在这个方面只取得了一个局部的进展，就打败了李世石。

我开始的时候猜测谷歌能战胜樊麾，是因为突破了局部死活搜索，我一直认为局部死活是可以突破的技术，死活如果清楚了，评估函数也会变得容易。但是阿尔法围棋与李世石的比赛中，铁桶一般的阵势里，被李做出了一个打劫，看上去也不是这个原因。而在第 2 局中，阿尔法围棋的局部战斗表现却出人预料，所以谷歌可能实现了某个特定条件下的局部搜索。

## 围棋和火药

目前围棋 AI 的研究和发展，基本集中在西方国家，围棋 AI 和其他科研相比，应该算是投入非常小的一个领域，虽然它背后的意义非常重大，可惜的是中国没有选择围棋 AI 作为人工智能的突破口。中国是火药的发明国，到现在为止，中国制作的烟火仍然畅销世界各国，然而西方却用火药制成的枪炮，让中国屈辱地度过了几百年。

围棋是中国国粹，通过 50 年的追赶，中国围棋实际上成为了围棋最强国，可悲的是我们在围棋 AI 的研究上却基本没有贡献，莫非围棋又将成为另一个火药，用来帮助西方开启人工智能时代。当谷歌完成强人工智能，那么无人汽车、无人工厂等，将让中国的人口优势变成人口劣势，想想看如果美国无人工厂开始制造鞋子和服装，中国的经济将变得怎么样？

我的担心并非杞人忧天，谷歌踢不倒的机器狗大家都看到过了，谷歌无人汽车已经在道路飞驰，美国总统候选人川普扬言，上台后将强迫苹果在国内生产 iphone，苹果将建造自动化工厂来降低成本，这些东西都需要 AI 技术的发展来支撑。

所以我非常希望看到中国人能够在围棋 AI 领域与西方竞争，中国经济的成功关系每一个中国人。

人机大战前一日，有个"异构神机"突然杀出，拿了一台笔记本电脑就差点把职业棋手打败了，不过我是对此充满怀疑的，这太放卫星了吧。不过不管如何，有中国的公司愿意研究围棋 AI，是一个非常好的事情，我认为围棋将会引发真正的人工智能研究与发展，是一个关系国家的国运的事情。

比赛第 4 局后就出现这篇文章"再看看这几天 AlphaGo 给我们带来的震撼，基础性的科学研究，虽然短期来看不一定有多少收益，但长期来看一定是国家竞争力的关键。面对美国 DARPA，中国也开始组建军委科学技术委员会，外媒普遍认为这是中国继日韩之后，筹建中国版 DARPA 的重大布局。"

科技部长也建议搞一个中国象棋人机比赛（科技部长是汽车专家）。我猜想国家的确可能出资搞一个围棋 AI 的比赛，或者出现一个类似卡斯帕罗夫组织的自由象棋比赛那样，职业棋手和 AI 混合的比赛。

## 什么是学习？

大众对谷歌最大的神话是学习的能力，甚至李开复都说如果要组织挑战柯洁的比赛，要尽快，否则过几个月，阿尔法围棋的水平又会提高一大截。对于大众来说，机器进行学习是很神秘的事情，但是并非如此。阿尔法围棋的水平突破只能是依靠开发者的创新，而不是通过自我对局实现。下面讲讲机器学习的原理。

比如下棋时下一个定式，对手突然下了一个骗着，你上当后老师教了你怎么下，你只需要简单地记住，下次改正。这就算一种学习。这种学习方式对机器来说很简单，它记住后一点都不会忘记，但是人有所不同的是，有聪明的人可以做到类似情况，都不会上当，这对机器来说就非常难做到。所以我们在说机器学习时，关键的意思是学习的效率，效率低的叫做统计，效率高的才叫学习。

谷歌这次展现的 Policy Network 和 Value network 是学习吗？很多人都被神经网络算法的名头唬住了，其实 IT 界经常搞这种东西，比如云计算、大数据，其实都是几十年前就有的东西，现在换个名字忽悠，都是一种概念的包装。而且神经网络经常不太靠谱，比如 2014 年底，三位人工智能研究者在 arxiv 上贴出了一篇论文预印本。论文标题很有趣："深度神经网络很好骗"。左图被神经网络判定为熊猫。给它人为叠加上中图所示微小的扰动（实际叠加权重只有 0.7%），就获得了右图。在人类看来，左图和右图没有区别；可是 AI 却会以 99.3% 的置信度，一口咬定右图是一只长臂猿。

 +  =

围棋这种只有 $19 \times 19$ 黑白分明的图形有必要用神经网络算法来学习吗？我觉得用简单相似棋形统计就能达到或者超过神经网络算法。

鼓吹神经网络其实是 IT 行业的商业需要，机器学习需要的硬件规模巨大，价格昂贵，据说阿尔法围棋下一盘棋需要 3000 美元的电费。如果必须使用神经网络，那么几乎阻止了个人研究者进入这个领域的可能。

而在卷积神经网络的主战场，ImageNet（图像识别）挑战赛上，机器智能还无法战胜人，在更广阔的图像识别上，更是望尘莫及。我学生家长有个项目，就是识别高铁线路上的问题，比如电缆线路上有塑料袋，电线出现断裂的毛边、脱线等等，这就是高铁不能上 350 公里的原因。如果神经网络真的那么神奇，去解决这些问题吧。其实谷歌开发阿尔法围棋的核心目的之一就是需要证实一下神经网络是否真的有效，计算机界对这个也是半信半疑。

## 棋士之魂

在比赛之前，围棋界还是非常乐观的，樊麾的对局棋谱，看上去明显有漏洞，而且在局部阿尔法围棋的下法经常出现问题，但是这种问题只是蒙特卡洛算法的特点，它不太关心目数，只关心胜负的概率，所以会产生阿尔法围棋下得很臭的错觉。

在李世石输掉第一局，风向就变化了，IT界很多专家学者都在鼓吹阿尔法围棋的胜利，其实真正理解阿尔法围棋的算法的人全世界也就30个人吧，专家们对阿尔法围棋学习能力的崇拜，在我看来，其实是不太懂行的标志。

输掉第2局，棋手们也都彻底崩溃了，但是引发我对棋界强烈批评的是有职业棋手说阿尔法围棋能让自己二个子，还有人对第2局阿尔法狗的五路肩冲，以及对前面布局膜拜。其实这也是棋界一大恶疾，大家都根据胜负判断好坏，而不是依靠演绎法来进行思考和推理。顶尖棋手下什么，大家就跟着下什么，这样的围棋就会变成风格单调，甚至是完全错误的布局。

唯一令人称赞的是柯洁，当天晚上他在微博上发布了一个分析阿尔法围棋错误的视频，他说话的方式很幽默，开始我只注意到这一点，后来我仔细一想，柯洁这个图是用逻辑证明了阿尔法围棋的错误啊。

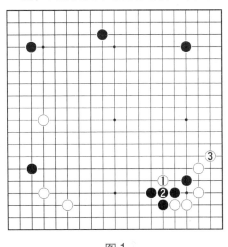

图1

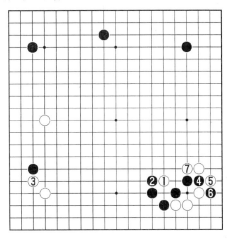

图2

阿尔法围棋的第13步刺明显是蒙特卡洛的弱点，它经常会下打将的下法，道理很简单，打将你必须要应一手，往往这一手是唯一的，所以在阿尔法围棋看来，你下错的概率很大，但是对人来讲却不是这样，因为我们有逻辑。

柯洁说，这个时候白1刺是时机，黑2粘，那么白棋便宜是明显的（如图1）。

图2 黑2如果贴，白棋脱先尖顶是急所，黑棋如果冲断，白7反贴是妙手。柯洁这个逻辑，李世石到现在都没有懂，第4局他为了防止黑棋小尖，还抢了这个点。

柯洁的这个逻辑证明，其实是围棋最美妙的地方，也是人类思考最美妙的地方。这里一共有10步棋，就胜过阿尔法围棋10亿步。谷歌解决围棋的算法并不优美，它并没有触及到人类真正的智慧，阿尔法围棋对AI的推动并非想象那么大，就像深蓝战胜卡斯帕罗夫一样，并未产生类似互联网对世界的革命式的改变。

我猜测柯洁也拥有"全知之眼"的能力，特别是他白棋的34连胜，和成绩的突然提升，非常像拥有大数据分析之后带来的围棋理论突破的情况。那么什么是"全知之眼"，我想还算是个秘密吧，等有人知道了，我就会公布。

作为职业棋手，你们的职责当然是将这种智慧发挥到极致去战斗，这才是棋士的本分，你跪在地上膜拜阿尔法围棋，只会让程序员更加轻视你们，比如王小川，程序员觉得围棋只是一种领域知识而已，他们不需要太了解围棋，使用巧妙的算法就能打败你们数十年积累的知识。

第4局，李世石终于想出了让阿尔法围棋围大空，然后再中央开花的战略，这才是真正的神之一手，不能成立的那个挖，只是一个表象。柯洁、李世石这样的棋手才是棋士真正的代表，人可以被打倒，但不能被打败。

这次比赛之后，有传说日本井山棋圣将迎战AlphaGo，我觉得他的胜望很大，关键是zen的作者在日本，同zen对战，更能理解机器的缺点。此外日本围棋多少还保留了重视棋理的传统，这也是战胜机器的关键。

如果柯洁要和阿尔法围棋对战，那么首先是去找"异构神机"，他们用笔记本电脑战胜了一个职业棋手，要是真的是这样，那么用来训练再好不过了，如果不是这样，找facebook的黑暗森林进行练习也是不错的，找田博士帮你们设计对付阿尔法围棋的方法也是不错的，真正的专家不多，砖家却是不计其数。职业棋界如果能守住一阵，将会对围棋传统的冲击减缓很多，大家在这个问题上应该同仇敌忾。

最后我也表示一直很轻视你们，因为你们一直不懂得研究围棋的科学方法。

## 全知之眼　vs　全知之眼

人机大战第 3 局，柯洁在微博上分析黑 3 是败招，从这里我看到，柯洁的全知之眼应该是功力还不足吧，其实黑棋第一步就不好，我是通过"全知之眼"知道的。另外通过一些基本逻辑也能推导出来，但是围棋界就是充满了秘密，毕竟棋手就是相互搏杀嘛，这里有一个特别重要的基本逻辑，我在计算围棋的微信群里给李喆说了一下。有了那个逻辑，可能李喆会相

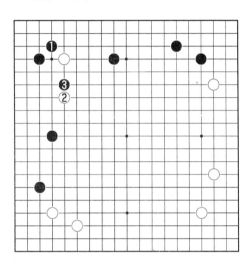

信我的话，其他人都会怀疑，因为我都不参加围棋比赛了，他们没有看到胜负的结果，但是你如果买股票，根据结果论来炒股的叫右侧交易，根据基本面等等信息进行预测是左侧交易。

左侧交易是高手的游戏，而右侧交易是大众多采用的做法。左侧交易（高抛、低吸）中的主观预测成分多；右侧交易（杀跌、追涨）则体现对客观的应变能力。

但是棋界的右侧交易者太多了。

## 围棋之美，逻辑之美

当然我还会给出一个强有力的证据来证明我是对的，这是一个让小林流不再流行的原因，棋界不知道是我击溃了小林流，虽然我没有参加比赛，但是我经常和棋界对抗，最近是中国流对抗。

以下这个图是小林流双方最为复杂的对抗，特别是白 23、27 的下法可以用网络流行语"鬼畜"来形容。我不敢说这个图我完全是对的，但是这个计

算的深度，却是远远超过了阿尔法围棋的能力。这就是围棋之美，逻辑之美。

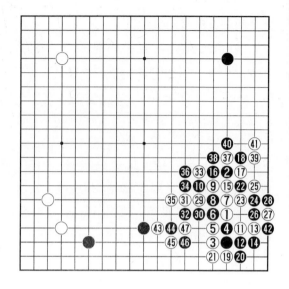

职业棋手在构造这样复杂和精美棋局的时候，与数学大师证明一个数学问题是完全相同的思考的方式，这才是真正的智能。我希望有职业棋手来证明我这个图是错误的，如果你做到了，就一定能打败阿尔法围棋。

真正打败阿尔法围棋是要打回谷歌的老巢，如果强 AI 被发明出来，那么连谷歌本身都会被毁灭，程序员能够进攻围棋界，围棋界就不能进攻计算机界？如果围棋是引发强 AI 的关键因素，那么职业棋手将自己的思考方式转换为计算机代码比其他人应该更容易，其实 DeepMind 的 CEO，杰米斯·哈萨比斯（Demis Hassabis）就是职业国际象棋选手出身，他现在可是要挑战全知识领域。所以围棋也许才是能让人变得更加聪明的东西，围棋才是正统的教育，应试教育出身的人反而会受到一些思维框架的缚束。

职业棋手学习编程，将会是一个围棋界的发展趋势，每个棋手都要创造自己的全知之眼，否则将会没有立足之地。同时，掌握了计算机这个武器，职业棋手也可以把智力优势释放出来，挑战任何的行业。

我现在主要精力是花在利用构造英语、数学教育的全知之眼上，这个领域我简单概括为 6 个字"人傻、钱多、速来"。有职业选手如果愿意来做奥数的研究，我会非常欢迎，现在的我找的奥数老师，可以照本宣科，但是思考的灵活性远远无法和我相比，所以要抽取奥数中的那种智慧，真的需要围棋选手来做。

我现在准备每天抽 30 分钟到 1 个小时来做围棋 AI，毕竟柿子要找软的捏嘛，用计算机侵入教育界更容易一点，主要精力要放在那里。但是对于各位年轻棋手，远大的理想更加重要，如果强 AI 是职业棋手创造的，将是对创世之神的最佳敬意！

## 什么是智力？

在网上搜索一下智力（Intelligence）这个词条，解释是指生物一般性的精神能力。指人认识、理解客观事物并运用知识、经验等解决问题的能力，包括记忆、观察、想象、思考、判断等。

只是这样讲太抽象，再具体一点，"智力"的定义也可以概括为：通过改变自身、改变环境或找到一个新的环境去有效地适应环境的能力。

下面我要讲一个个人经历来展现我是如何适应新的环境的。围棋和计算机这两个领域我是专家，那么奥数领域呢？我肯定是一个新手吧。

## 智力战胜专家

我在微博上发过顶尖职业棋手30岁之后应该从事金融投资行业，这是因为30岁竞技能力就开始下滑，但排名前10的选手在30岁前会积累1千万左右的财富，再加上棋手的智力优势，做分析师之类的职位非常适合。当时有人用数学来反驳我，说金融分析师需要数学功底等等，我的回答是数学只是一门知识，花点时间而已，而围棋训练让你获得智慧，属于更为核心的知识，当然最后大家各执一词，谁都没有说服谁。

刚好在AlphaGo浮出水面前几天，我在微博上看到一道奥数题，题目非常简短。

有一个正整数，把它的个位数字放到首位变成新的数，得到新的数是原来数的两倍，请找出一个这样的数来。

博主还讲了一下这道题的难度和出处 。

奥数班很多是孩子父母俩一起跟着学的，到三年级后的超级班，99%的父母学不会而不学了，这还是北京高校区的家长们。奥数是最容易识别孩子天才和打击很多平庸孩子的地方。当年中科大少年班的天才研究，奥数七岁天才孩子10分钟做出来的题目，可以让名校数学系学生两小时做不出来。培养和挖掘很重要。

有的时候我们需要从各个不同的角度去观察，才能理解一个事物的关键，所以用数学来观察智力，是一个很好的角度。我将详细的解题步骤写出来，

让大家看看人是如何思考的。

本来前一版我只是让职业棋手试试看，但是现在可能这就是对职业棋手能力的一个测试了，只要你做到某个程度，都能说明你的能力，这道题还是包含了一些特定的数学知识。

### 第一步　将题目转换成图形

我做题的时候，头脑里会将题目转换成为图形，比如说太阳这个词的时候，我的头脑里会出现太阳的图案。

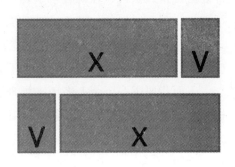

这个过程帮助我能更深刻理解题目，另外我发现很多学生和老师们是没有这个思考过程。

### 第二步　把图形转换成为代数式

很多数学老师在这一步经常把学生搞晕，也许他们只是照本宣科。

因为y是1位数，所以很好确定x在10上，所以用$10x$就能表达

z代表y换到首位的位置
z可能是10, 100, 1000……
很多人不知道将z如何表达出来

$$(10x + y) \times 2 = yz + x$$

新的数是旧数2倍，在方程中应该用乘法表示而要避免用除法

我在这里写出了详细的转换过程，不过我的学生指出了我Z的表达方式不够好，应该用10的N次方，我保持原来的方式就是告诉大家，我的数学知识有限，但是智力很强！

### 第三步　大智若愚的枚举法

没有学过奥数的人通常是比较鄙视枚举法的，但是高考数学和奥林匹克数学相比就是个渣渣。

职业围棋选手经常使用的思考方法就是"死算"，用高大上的名字就叫做

"枚举"。从奥数中，我更加肯定围棋训练对人的基本思维方式的促进。

先把 $z$ 从 10 开始代入，那么会得到 $19x = 8y$，$19x = 98y$，$19x = ...\ 998y$，这样的序列。

### 第四步　从另一题学到的诀窍

我之前听奥数老师讲过一个"小明的年龄"的经典问题，当时得出一个方程 $9y = 4x$（我取名叫公倍数等式，我发现数学里很多知识点都没有名字，围棋也是一样，这都是没有文化的表现，看看《玄玄棋经》，好名字是怎样的美感）。

所以我一看到 $19x = 8y$ 就知道能够解开这道题了，形式上完全相同，并且 19 这种质数也是数论中常用的梗。当 $9y = 4x$ 时我们可以用枚举得出最后的结果，但是 $19x = ...\ 98y$ 这种形式如何枚举，这里有个小细节很难注意到，就是这个等式 $y$ 必须是 19 的倍数才可以，但要注意到 $y$ 是个位数，所以它只能是 $0 - 9$，因此我确定 $..\ 98$ 必须将整除 19，才能解开这个方程。

### 第五步　最后的难点

到底要用多少个 9 才能整除 19 呢？估计看到这里很多人都在用计算器算吧，估计你们的耐心会崩溃掉. 那么怎么才能用笔算算出 $x$ 是 $y$ 的多少倍呢，我要卖个关子了，到这里就完全不需要什么数学知识了，只需要智力。

## 人的智力底线在哪里？

职业棋手面对外界的时候，会显得有点腼腆，没有信心。这是因为语言表达能力的问题。我希望职业选手能够更加自信，因为你们不知道这个世界的智力底线有多低。

我曾经见过背"a an and hand ant at cat"这 7 个单词用了两小时还没有记住的小女孩。还有正负数的加减乘除，花了两小时翻来覆去弄错的小男孩，我们的教育系统的确过滤掉了很多这样智力水平的人。在外边工作你会发现本科生和专科生的巨大区别，名校和非名校的区别，但是仍然无法与围棋国家队这样甄选出来的人相比。

中国的教育系统是 18 世纪普鲁士的教育，它还要肩负拉着那些 2 小时记不住 7 个单词的孩子一起前进的重任，可见它的效率有多低。我现在耗费大量时间做的事情就是超越这个教育系统，给受过围棋训练的孩子更高效率的

学习方式。比如将初中到高中的化学课程，浓缩到90个学时，将小学的数学和奥数课程，浓缩到200个学时。如果不是这次阿尔法围棋如此凶猛地进击，我会将围棋AI的研究放到5～10年之后。

## 围棋界应该开发宝贵的智力资源

我讲了这么多，就是觉得能打上围棋段位的孩子，在智力水平上都在大学名校的中上游，但是围棋竞争很残酷，冠军只是少数，所以如果能够给这些孩子提供更好的教育，这些资源就能够得到更好的利用。

计算机辅助围棋训练领域本来属于我独有，我在围棋上的教学成果可以证明这一点。

我带的5个台湾学生连面都没有见过，一周在网络上一节1个半小时的复盘课，两三年他们全部成为职业选手。可能你说他们还有其他的训练，的确是这样。但是我常常告诫他们千万别在外边复盘（我的围棋知识架构与整个围棋界都不同，两种知识架构只会产生混乱），他们的布局必须按照我的要求一成不变地下上千盘，直到冲进职业。

我在大陆打上职业初段的学生也有4人了，跟我学习有两年以上没有定段的学生只有一个，他在台湾职业定段赛中预赛是全胜，但被我另外两个学生击败后信心崩溃，在决赛后一败涂地。后面一年就没有再跟随我学习，后面有没有定段我就不知道了。

接近100%的入段率和一周一个半小时复盘课的超级效率，就是来源于计算机辅助生成的围棋知识，类似神经网络对职业棋手的棋谱的学习，只不过我是采用统计的方法来做的。现在看到其他人也将进入计算机时代了，我才将这个秘密公之于众，以后职业围棋的竞技，无疑是如何将人工智能结合在训练之中了。

研究围棋AI，需要计算机方面的人才学习围棋，但是另一方面，职业棋手学习计算机知识也是另外一条途径。

对于现在正在为冲职业段位的围棋少年们，我对你们的忠告就是，懂得计算机编程将是职业棋手的一个关键技能，在大数据时代，可不是用传统方法就能与使用计算机分析的选手相抗衡的。

在人工智能对围棋产生巨大威胁的时刻，每个职业棋手应该学习更多领域的知识，这样你才不会被突入其来的变革所淹没，我觉得受过围棋训练的人，朝计算机编程和证券分析之类的行业发展都是可以的，或者和我一起进攻传统教育业也不错，只要能发挥智力优势的行业，都是适合棋手的。

那么现在来看看本文最重要的部分，我的 AI 研究计划吧。

**1.　自动编程**

说到战胜谷歌的可能性，主要在于阿尔法围棋的两个主要方法，（1）蒙特卡罗搜索，这个我非常欣赏，后面我还要详细谈蒙特卡罗方法的真正意义。（2）神经网络学习，这个我非常不欣赏，首先就是 19x19 的棋盘和图像相比太简单了，完全没有必要用这个。

与谷歌的研究人员相比，职业棋手对围棋的内在规律更加清晰，如果能理解计算机如何运作，是能够用精确的逻辑来描述的。

那么此前采用传统的方法编程为什么不理想，这是因为围棋是一个"复杂性和混沌"的系统，人为这种系统编写程序太过困难，就好像一团缠得乱七八糟的线，要将其解开非常的麻烦，大多数人采用的方式就是一刀剪开。

那么我想的解决方法就是，职业棋手只需要对程序的提问进行回答，让程序自己去负责编写逻辑，这就是自动编程计划。自动编程计划相对于神经网络，在学习方式上其实都一样，不同的在于，自动编程生成的是一种逻辑结构，而神经网络生成的是一个概率值，逻辑结构描述得更加精确，后面讲的 π 值计算也可以展示这两种方法差异。

那么真能实现自动编程吗？大家可能觉得特别科幻，觉得我在胡吹。其实编程的核心就两个语句，是分支判断语句 if 和循环语句 for，自动编程只需要会写这两个句子就可以了，虽然细节上还有很多研究的地方，但是不会太难。

难点是将具体事务转变成逻辑模型的过程，就是我前面展示过解数学题的方式一样，先画个图，然后转换成为代数式，图转换成代数式其实比较简单，我自己是如何将数学题转换成图就是个比较复杂的过程，这部分里包含了一些无意识。

但我们不需要做到那么好，半人工半自动总是可以做到的。比如看见二子头要扳，这些通过扫描很多棋谱落子时周围的相同的形态就能够得到，而且自动编程是一种逻辑形态，它可以用如果"二子头就要扳"，"但不能自己

被断死"这样的逻辑不断延伸，逻辑描述不但比神经网络得到的结果更加准确，并且它还能不断的生长，而概率则是在不断震荡。

我们可以先从吃子这个最基本功能开始实验，让计算机和现有的 AI 对弈，通过观察每一次"吃子"和"逃跑"的成功和失败案例，就能让逻辑结构不断逼近完美。围棋的征子是可以用搜索硬写成的，而"枷吃"、"滚打"、"倒扑"等等方法都可以让自动编程来实现。

如果我们能学习出吃子功能，那么"做眼"功能是不是也可以以此类推做出呢？那么"目数"的概念是否也能够实现呢？随着这些概念一个个地实现，解决围棋问题是必然的事情。以我的体会，在"吃子"这个功能上我已经做到很不错了，但是"做眼"这个让我感觉难以下手，因为我以前不懂得怎么去建立学习环境和让机器自己去组织逻辑。

自动编程，的确是开启了潘多拉的盒子，谁知道机器最后会在这些逻辑结构中写出些什么来。用在围棋上还不错，别用在无人机的 AI 里面就行了！

### 2. 图灵测试

1950 年，图灵发表了一篇划时代的论文，文中预言了创造出具有真正智能的机器的可能性。由于注意到"智能"这一概念难以确切定义，他提出了著名的图灵测试：如果一台机器能够与人类展开对话（通过电传设备）而不能被辨别出其机器身份，那么称这台机器具有智能。

1952 年，在一场 BBC 广播中，图灵谈到了一个新的具体想法：让计算机来冒充人。如果不足 70% 的人判对，也就是超过 30% 的裁判误以为在和自己说话的是人而非计算机，那就算作成功了。

2014 年 6 月 10 日英国雷丁大学发表公报说，在该校 7 日组织的"图灵测试 2014"活动中，5 个参赛电脑程序之一的"尤金·古斯特曼"成功"伪装"成一名 13 岁的外国男孩，回答了测试者输入的所有问题，其中 33% 的回答让测试者认为与他们对话的是人而非机器。这次通过图灵测试还是比较取巧的，网络有人评论人类太容易欺骗。如果和 AI 聊围棋怎么样？甚至有一天你可以利用围棋棋盘棋子创造出一种棋类，然后通过聊天将规则告诉 AI，再和 AI 下一盘棋，当 AI 能够获胜的时候，就算真正通过图灵测试了。

通过聊天来训练围棋 AI，就像老师教学生那样，我们可以帮助 AI 创造出更多的抽象概念和层次，然后 AI 通过自动编程的方法来逼近这些抽象概念，比如"打入"，AI 能够收集到各种打入局面，然后在新的局面中找到打入的点。

AI 输棋之后，也可以提出问题，"我哪一步下得不好？"，"我什么时候已经输了？"，这些简单的交互现做到一点没有问题，更复杂一些是"这块棋我能活吗？""这个地方我的目数亏了？"这样一些提问。这样 AI 能够得到更多的反馈，而不是只得到胜负这样一个简单信息的反馈。这些提问并不需要太多技术，是目前条件下可以做到的东西。

其实人和人沟通的时候，我们也需要一个共同理解的背景来帮助双方的表达，比如我和师弟沈睿谈论化学课的教学时，用到的比喻都是围棋。AI 和人类之间缺乏共同点，AI 永远不明白酸甜苦辣是什么意思，也不知道香和臭是什么感觉，所以将围棋作为 AI 和人类沟通的辅助工具，将帮助我们做出更好的聊天 AI。

当我们能够用这样的方式创造出一个业余 3d 的水平的对弈程序，并且随着对局数的增加，通过聊天不断地学习，棋力逐渐上升到 5d，这就能证明通过了图灵测试，是圣杯战争的终结！

这就是我的 AI 研发计划，看上去还是很有操作性的，实际上 AI 群里的 AI 研究者，都在等待我用自动编程做出等于或者优于神经网络的结果，如果做到这点，他们会投入更多精力去做这个事情。

圣杯战争的最后一战 男主吟唱着召唤出"无限剑境"的结界，将所罗门王终结于此。我将吟唱之词重新翻译了一遍（网上可以搜索到中日英的对照

版本），这也算智力在文字方面的展示吧。（文字我是没有一点功夫的，求个通顺而已）

I am the bone of my sword. （我为剑骨）

Steel is my body, and fire is my blood. （钢铁为身 焰火为血）

I have created over a thousand blades. （我铸千剑）

Unaware of loss. （不知所失）

Nor aware of gain. （不知所得）

Withstood pain to create many weapons, waiting for one's arrival. （隐于剑冢 候人之来）

I have no regrets. This is the only path. （心如空明 万径归一）

My whole life was " unlimited blade works". （此生唯念 无限之剑）

谷歌虽为天下第一的公司，但是进入围棋这个结界，我想还是有很多人想将其斩杀的，对于职业棋手来讲，这也是有血性的一段祷词。

## 蒙特卡洛方法证伪蝴蝶效应

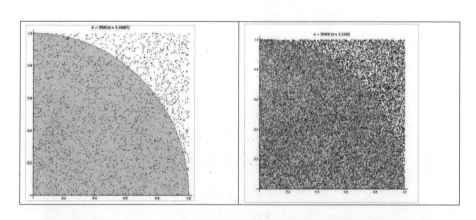

在圣杯战争中的第一兵器是所罗门王的乖离剑，切裂世界之剑，此剑一出，连结界都会崩坏，所罗门王在拔剑之时被干将莫邪断手。那么在围棋 AI 中与之相媲美的的是蒙特卡洛方法，对我说来，它让我的世界观的确有中了乖离剑的感觉。

给大家科普蒙特卡洛方法，最简单的是用 π 的计算方法，先看看多少人用多少时间去计算算了这个东西，我摘录的是长长的名单中的一小段哦！

公元 1610 年，德国人鲁道夫花费了毕生精力，计算了正 262 边形的周长后，得到 π 的 35 位小数值。鲁道夫的工作，表明了几何法求 π 的方法已走到尽头。1630 年格林贝格（Grien berger）用几何法计算 π 至 39 位小数。这是几何法的最后尝试，也是几何法的最高纪录。

我们画好一个圆，然后开始往这个形状里丢黄豆，落在圆内的黄豆是红色，落在圆外的是蓝色，最后算一下红蓝之比就是了，这两个图是丢 3000 和 30000 次后的精度变化结果。即使我们要费力去丢 3 万次，比鲁道夫花费了毕生精力还是快多了。

其实我一直都不太喜欢蒙特卡罗方法，这是围棋训练带来的根深蒂固的审美观，爱因斯坦说的"上帝不会掷骰子"也是基于这样的审美观吧。但这次阿尔法围棋取得的成功，让我对蒙特卡罗方法有了更加深刻的认识，为什么那么多精巧的逻辑，那么多苦思冥想，都能被这样一种非常简单的概率统计近似表达呢？这里蕴含着一个伟大的自然规律。

大家都听过一个关于蝴蝶效应的故事，"一只南美洲亚马逊河流域热带雨林中的蝴蝶，偶尔扇动几下翅膀，可以在两周以后引起美国德克萨斯州的一场龙卷风。"

学术上的解释蝴蝶效应（The Butterfly Effect）是指在一个动力系统中，初始条件下微小的变化能带动整个系统的长期的巨大的连锁反应。这是一种混沌现象。任何事物发展均存在定数与变数，事物在发展过程中其发展轨迹有规律可循，同时也存在不可测的"变数"，往往还会适得其反，一个微小的变化能影响事物的发展，说明事物的发展具有复杂性。

然而在现实物质世界中，似乎找不到蝴蝶效应的真正实例，而唯有在棋类的对局中存在明显的蝴蝶效应，这主要是对弈双方一直处于力量平衡的状态，一些微小的改变，才会让结果发生改变。一招不慎，满盘皆输就是这个意思。而在现实世界中，蝴蝶扇动的风会被各种动物的运动所抵消掉，山脉和洋流的巨大能量构成稳固的框架，小小蝴蝶的力量有什么用？

但让我感觉到失望的是，即使是在如此适合蝴蝶效应的围棋上，蒙特卡洛算法仍然能发挥作用，由此可见，人类发展出来精巧的逻辑，也都有着自己的极限，它们永远无法越过山脉和洋流，就像你虽然不知道人能跑进 9. × ××× 秒，但是说人能跑到 7. 9 秒你肯定不会相信。蒙特卡洛算法探测的就

是这个极限值。

所以一只蝴蝶永远不可能引起美国德克萨斯州的一场龙卷风，这是一个非常悲伤的结果。为什么我会使用"悲伤"这个词，在围棋的宗教意义的讨论中会谈到！

## 围棋是什么？

中国棋院的入口大厅，有一个石头屏风，上面写着陈毅元帅的一首诗，开头就是"棋虽小道，品德最尊"，陈毅元帅是中国围棋的奠基人，但是他还是没有认识到围棋的重要性，正如上个千年中国人对火药的重要性认识不足。当然这就是中国文化与希腊文化的优缺点。

我会想蒙特卡洛方法为什么那么重要，因为它总是超过我的预期，才能找出蒙特卡洛和蝴蝶效应之间的关系，我从小看的书是希腊神话和哲学家的故事，我知道提问是最重要的思考方式。

中国文化很少提出问题，中国人就觉得就是这样，是天道，西方的龙有翅膀，中国的龙没有翅膀，因为中国人不去质疑没有翅膀为什么会飞。

乐高积木、围棋、计算机编程，他们之间都有一个共同点，就是从最小的基本元素开始，组成越来越复杂的结构。事实上我们整个物质世界不也都是如此吗？

围棋的网格，就是空间的坐标系，其他棋类游戏也是这样，但围棋非常独特的是棋子不能移动，就像计算机里的每个晶体管一样不会移动，它只是个存储空间。围棋每个点上存在三个情况（黑、白、空）。如果我们来到物理学的尽头，物质分成正负粒子，当正负粒子相遇就会湮灭，所以黑代表负粒子，白代表正粒子，空代表湮灭的真空。围棋具有这样的结构难道仅仅是一种巧合吗？

围棋的活棋，不是因为有两个眼就能活，因为我们还可以找到两个假眼也能活的例子。当我们把棋块填成两个眼的时候，我们就能发现，围棋能够做活的原因实际上是因为形成了一种循环的结构。

也许围棋还在暗喻能量和物质之间的关系吧，当能量形成这种循环形态，体现出来的就是物质的状态。

说到这里，我还是要吐槽一下现代围棋规则，中国古典围棋规则可是认为这两个空点是"两溢"，满而不溢的溢，后来这充满文化意味的"两溢"，变成通俗化的赌博用语"还棋头"。然后被日本围棋杀到找不到家后，自卑地取消这条规则了！但是这样，现代围棋还是暗喻起源圣杯吗？

　　围棋和其他游戏都具有着很快的反馈，因为最后总有输赢，这是用来作为人工智能研究的果蝇的重要条件，deepmind 除了研究围棋还训练神经网络打各种电子游戏，他们预计 5 年内在星际争霸中战胜人类。

　　但围棋与其他游戏不同的是它代表着物质世界的最通用的准则，代表着"复杂性和混沌"，所以我们可以通过研究围棋问题，发展出真正的 AI。前面我描述了一个如何用围棋开发通用 AI 方法，如果围棋真的是打开 AI 大门的钥匙，那么它的重要性是"棋虽小道"这样的评价吗？我认为甚至连四大发明中的王者"火药"都不能与围棋相比。

　　火药的发明是炼丹术的衍生物，我们知道火药这样的东西是迟早和必然要被发现的，但是围棋却是可以不被发明出来的东西，这是中国文明独特的印记，但是也没有任何文献确定是中国发明的，就像中国象棋，是印度的舶来物，所以现在我们终于到达了提出"围棋是谁发明的？"这个问题的时刻。

## 寻找创世之神

　　在我们开始这一章的阅读时，大家可以先看一本书《涌现——从混沌到秩序》，然后在网络上搜索一下"生命游戏"，玩一下。

　　围棋人也应该仔细研究一下，围棋文化总是需要发展，与时俱进。

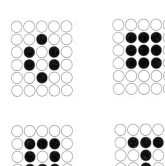

生命游戏是英国数学家约翰·何顿·康威在 1970 年发明的细胞机。它最初于 1970 年 10 月在《科学美国人》的"数学游戏"专栏出现。值得注意的是康威是会下围棋的，我认为是围棋启发了他。

　　● 如果一个细胞周围有 3 个细胞为生（一个细胞周围共有 8 个细胞），则该细胞为生（即该细胞若原先为死，则转为生，若原先为生，则保持不变）；

● 如果一个细胞周围有2个细胞为生，则该细胞的生死状态保持不变；

● 在其他情况下，该细胞为死（即该细胞若原先为生，则转为死，若原先为死，则保持不变）。

这个规则实际上也是个三进制，（生、死、不变），所以三生万物不是盖的，再一次鄙视一下现代围棋规则！

这个游戏可以用围棋棋盘来模拟，但是要一轮又一轮地检查每个点很麻烦，大家最好是在网络上找一个网页程序来玩。关键是觉得就凭这么简单的3个规则，能产生什么有趣的东西呢？

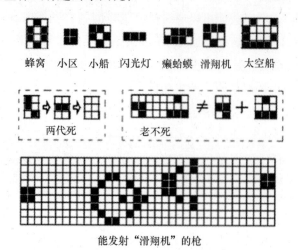

蜂窝　小区　小船　闪光灯　癞蛤蟆　滑翔机　太空船

两代死　　　　　老不死

能发射"滑翔机"的枪

实际上在计算机模拟下，是会出现很多有趣的图案，最有意思的是滑翔机形态，它会像围棋征子一样沿着斜线移动。

后来人们发现还有可以不断发射滑翔机的机关枪形态，到了这里是不是让你觉得很惊奇。

还有可以爬行的蜘蛛，可以垂直发射的火箭。也许它离能产生智慧的意识还很远，但是这只是二维平面啊，如果在三维甚至更多维，能够产生什么就更加令人惊奇了。

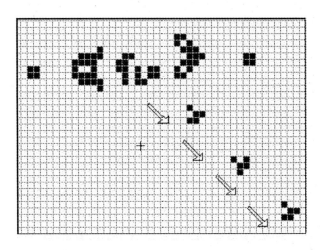

不断发射出"滑翔机"的滑翔机枪

生命游戏的本质，是对生命起源作出一个解释，比如宇宙由几个基本规则构成，那么这几个规则就能产生这种自组织现象。我们看到生命游戏那些好像有一定意义的图案时，其实那些图案是一种循环，而围棋的活棋8字形也就是循环之意。围棋的规则只有1条，就是堵住所有路径就算死，而活棋的出现其实和生命游戏中的各种形状一样，也是一种自组织现象。因此我们可以这样说，围棋也是一种生命游戏。

生命游戏的规则是可以改进的，比如生命游戏和计算机一样，都是二进制，如果把生命游戏改造成为三进制，结果会如何？生命游戏只有"有无"，围棋中的"有子"，还可以分成阴和阳，这也是"道生一、一生二、二生三、三生万物"的道理。假设生命游戏被改造成为三进制，变成一个更有趣的世界，那么围棋的预言性又得到了一次证明，甚至我觉得有一天人类还可以制造出三进制的计算机来。

全世界的顶级黑客的思考也就到此为止了，剩下的部分就是我独自前行的奇思妙想了！

我们假设生命的起源真的如此，但是要构成我们现在的世界，需要演化多长的时间？我们的生命形式显得太过复杂，太过脆弱。特别是地球生物繁殖的方式，分成两性，最后再生成新的DNA组合，最后再产生新的DNA，这样复杂的繁殖方式明显是一种人为设计出来东西，如果混沌中诞生的生命还需要两性才能繁殖，那么需要的概率就太高了，宇宙存在的时间都不能支撑

这样的概率值，所以起源生命一定不会是两性的。

那么为什么起源生命会这样设计我们呢？我认为是为了乐趣，大家想想生命游戏那个世界即使充满了各种可能性，那也是非常单调的。看看我们现在发明网络游戏为了什么，也是为了乐趣。

创始者起源于非常微观的地方，将1厘米分成10的33次方那么小，在那里可能就是围棋形式的世界。因为小，所以速度就更快，也特别坚固，近乎于永恒坚固。想想我们从一个受精卵成长为成人，需要的信息量有多大，现在人类的科技能够记录这么多信息吗？所以在远超人类技术能力的微小空间内，有难以想象的微小机器，这就是生物生长的过程。人类为什么可以制造出各种机器，可以培育生物，却不能用基本元素制造细胞，这就是因为我们无法制造那么微小的可自我复制的机器。

我相信创世之神就在我们中间，这个世界就是他们的网游。围棋也许就是他们留给我们的钥匙，让我们去寻找他们，我甚至在想，它是不是通过我的手来表达这一切呢？有点遗憾的就是我是无法看到这个猜想的答案了，不过如果世界真如我认为的那样，生死其实也并不可怕了，我将我的问题传递给孩子，其实就是将生命传递下去了，在希腊文化中，问题才是重要的，而不在于答案。

"我是谁？我从哪里来？我要到哪里去？"对于创世之神本尊来讲，也是个永恒的问题吧。

蒙特卡洛揭示的悲伤在于，世界上没有万能的上帝，我们这样的生命形式，不管如何复杂多变，总归是有极限的，在宏观上，甚至可能我们无法飞跃一个星系，在微观上我们也无法找到赋予我们生命的源泉。

That is it！